羊组织学彩色图谱

李　健　刘志军　李晓霞　著

张港琛　王兴德　刘　洋　审校

中国水利水电出版社
www.waterpub.com.cn
·北京·

内 容 提 要

　　本书收录羊机体的 400 余幅光学显微镜下拍摄而成的器官组织全真彩色图片,分为 12 章,采用生动、简洁的语言直观、形象地展示组织形态学微细结构,并介绍形态与功能的联系。为健康饲养、疾病病理研究及防治提供一定的理论基础,可为在校学生、动物医生、科研工作者及养殖业提供一定的实践指导,适用于科研、生产及教学等多种用途。

图书在版编目(CIP)数据

　　羊组织学彩色图谱/李健,刘志军,李晓霞著. —
北京:中国水利水电出版社,2018.9
　　ISBN 978-7-5170-6908-9

　　Ⅰ.①羊… Ⅱ.①李… ②刘… ③李… Ⅲ.①羊—动
物组织学—图谱 Ⅳ.①S858.262.16—64

　　中国版本图书馆 CIP 数据核字(2018)第 216944 号

书　　名	羊组织学彩色图谱　YANG ZUZHIXUE CAISE TUPU	
作　　者	李　健　刘志军　李晓霞　著	
出版发行	中国水利水电出版社	
	(北京市海淀区玉渊潭南路 1 号 D 座 100038)	
	网址:www.waterpub.com.cn	
	E-mail:sales@waterpub.com.cn	
经　　售	电话:(010)68367658(营销中心)	
	北京科水图书销售中心(零售)	
	电话:(010)88383994、63202643、68545874	
	全国各地新华书店和相关出版物销售网点	
排　　版	北京亚吉飞数码科技有限公司	
印　　刷	三河市元兴印务有限公司	
规　　格	185mm×260mm　16 开本　12.25 印张　298 千字	
版　　次	2019 年 3 月第 1 版　2019 年 3 月第 1 次印刷	
印　　数	0001—2000 册	
定　　价	85.00 元	

前 言

　　羊属于哺乳纲、偶蹄目、牛科、羊亚科的小型反刍动物,为古时六畜之一(马、牛、羊、鸡、犬、猪)。羊体表被覆发达的体毛,为羊毛的主要来源;公羊有螺旋状或弧形的大角,母羊没有或仅有细小的角。羊品种繁多,如绵羊、山羊、湖羊、岩羊及黄羊等。按用途大致分为肉用羊、奶羊、皮用羊及毛用羊四种,是重要的经济动物之一。《羊组织学彩色图谱》收录羊机体的400余幅光学显微镜下拍摄而成的器官组织全真彩色图片,分为十二章,采用生动、简洁的语言直观、形象地展示组织形态学微细结构,并介绍形态与功能的联系。为健康饲养、疾病病理研究及防治提供一定的理论基础,可为在校学生、动物医生、科研工作者及养殖业提供一定的实践指导,适用于科研、生产及教学等多种用途。

　　本书由河南科技大学动物科技学院李健、刘志军和李晓霞编写。李健编写9万字,刘志军编写10万字,李晓霞编写10万字。受到河南省自然科学基金项目(项目编号:162300410081)、河南省教育厅高等学校重点科研项目基础研究计划项目(项目编号:16A230004)、河南科技大学高级别科研项目培育基金资助项目(项目编号:2016GJB004)资助。本书在编写过程中,得到了中国农业大学动物医学院陈耀星教授、董玉兰副教授和曹静副教授,河北农业大学动物科技学院胡满教授及安徽农业大学动物科技学院李福宝教授的大力支持和指导,在此作者表示衷心的感谢。

　　图谱编撰工作较为繁杂,鉴于作者水平有限,不足之处在所难免,敬请广大读者提出宝贵指导意见,以期不断提高书稿质量。

编者注

2018 年 6 月

目　录

前言

第一章　被皮系统 ··· 1

　一、皮肤 ·· 1

　二、衍生物 ·· 8

第二章　肌组织 ··· 9

　一、骨骼肌 ·· 9

　二、心肌 ··· 22

　三、平滑肌 ··· 25

第三章　消化管 ·· 29

　一、口腔 ··· 29

　二、咽 ··· 32

　三、食管 ··· 32

　四、胃 ··· 35

　五、小肠 ··· 43

　六、大肠 ··· 52

第四章　消化腺 ·· 58

　一、唾液腺 ··· 58

　二、肝脏 ··· 61

　三、胰腺 ··· 63

第五章　呼吸系统 ·· 66

　一、鼻腔 ··· 66

　二、气管 ··· 66

　三、喉 ··· 66

　四、肺 ··· 69

第六章　泌尿系统 ·· 73

　一、肾 ··· 73

　二、输尿管 ··· 76

　三、膀胱 ··· 77

四、尿道 ··· 80

第七章　雄性生殖系统 ····························· 83

一、睾丸 ··· 83

二、附睾 ··· 85

三、输精管 ··· 89

四、副性腺 ··· 91

五、精索 ··· 96

六、阴茎 ··· 97

第八章　雌性生殖系统 ····························· 107

一、卵巢 ··· 107

二、输卵管 ··· 108

三、子宫 ··· 111

四、阴道 ··· 116

第九章　心血管系统 ······························· 119

一、心脏 ··· 119

二、动脉 ··· 130

三、毛细血管 ·· 133

四、静脉 ··· 134

第十章　免疫系统 ································· 139

一、胸腺 ··· 139

二、脾 ·· 142

三、淋巴结 ··· 145

第十一章　神经系统 ······························· 150

一、脑 ·· 150

二、脊髓 ··· 167

三、神经 ··· 169

四、眼 ·· 174

第十二章　内分泌系统 ····························· 177

一、松果体 ··· 177

二、垂体 ··· 180

三、甲状腺 ··· 183

四、肾上腺 ··· 184

参考文献 ··· 187

第一章　被皮系统

被皮系统位于体表,包括皮肤和衍生物,游离性大。衍生物包括毛、爪、皮脂腺及乳腺等。被皮系统起保护机体免受物理性、机械性、化学性和病原微生物性的侵袭、调节体温、排泄和感知外界刺激作用。

一、皮肤

分布在机体最外层,包括表皮、真皮和皮下组织三层。

(一)表皮

表皮(epidermis)源于胚胎时期外胚层,由角化的复层扁平上皮构成,位于皮肤浅层,耐摩擦。无血管和淋巴管分布,神经末梢发达。

(二)真皮

真皮(dermis)位于表皮深层,与深层皮下组织相连,较厚,富含胶原纤维和弹性纤维,韧性和弹性较强。

真皮由大量不规则致密结缔构成,成纤维细胞和肥大细胞较多。分布有神经和神经末梢(触觉小体和环层小体)、血管、淋巴管、汗腺及皮脂腺皮肤的附属器等。构成皮肤的主体结构,并为表皮提供营养。

(三)皮下组织

皮下组织(hypodermis)又称皮下脂肪组织、浅筋膜(superficial fascia)、蜂窝组织,位于皮肤与深层组织之间,分布有脂肪小叶。

皮下组织主要由疏松结缔组织构成,分布有脂肪组织、胶原纤维、血管、淋巴管、毛囊、神经和汗腺。具有保护、调节体温功能、感觉功能、分泌与排泄功能、分泌与排泄功能及新陈代谢功能;临床通过皮内注射进行皮试,通过皮下注射将药物注射到皮下组织。

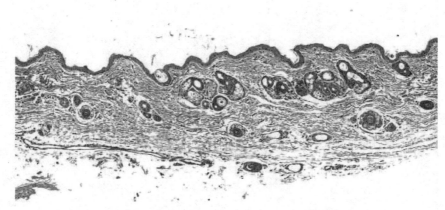

图 1-1　耳皮肤 1
（HE 染色　100 倍）

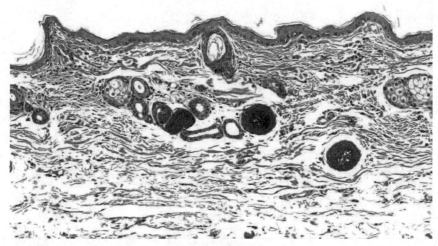

图 1-2　耳皮肤 2
（HE 染色　200 倍）

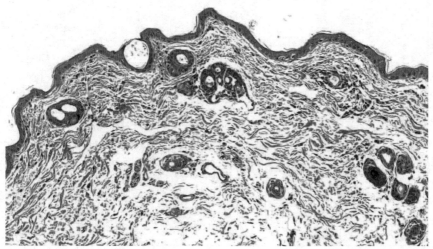

图 1-3　耳皮肤 3
（HE 染色　200 倍）

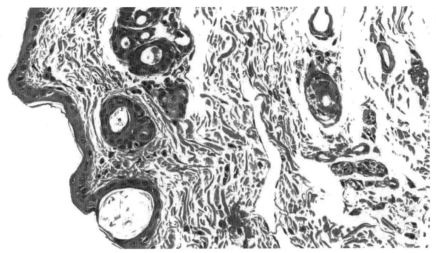

图 1-4　耳皮肤 4
（HE 染色　400 倍）

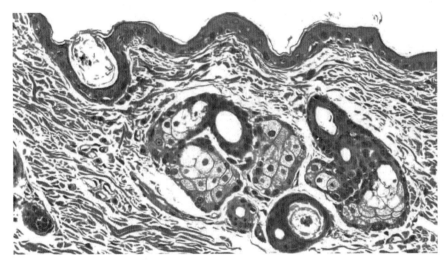

图 1-5　耳皮肤 5
（HE 染色　400 倍）

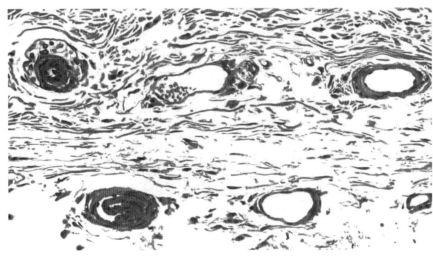

图 1-6　耳皮肤 6
（HE 染色　400 倍）

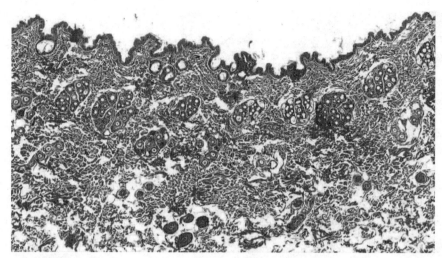

图 1-7　腹部皮肤 1
（HE 染色　100 倍）

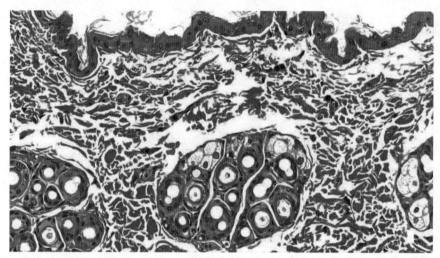

图 1-8　腹部皮肤 2
（HE 染色　200 倍）

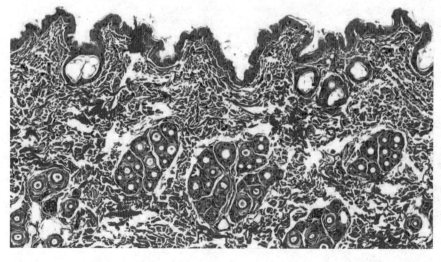

图 1-9　腹部皮肤 3
（HE 染色　400 倍）

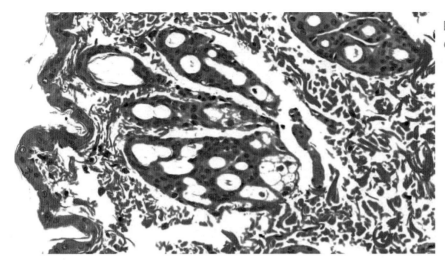

图 1-10　腹部皮肤 4
（HE 染色　400 倍）

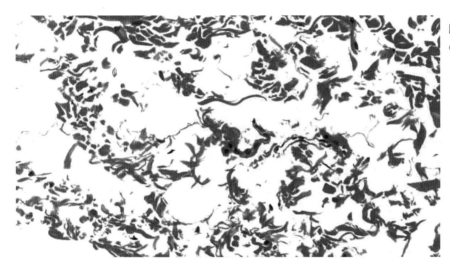

图 1-11　腹部皮肤 5
（HE 染色　400 倍）

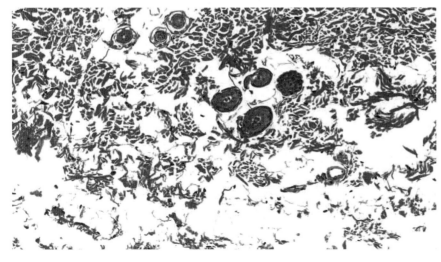

图 1-12　腹部皮肤 6
（HE 染色　400 倍）

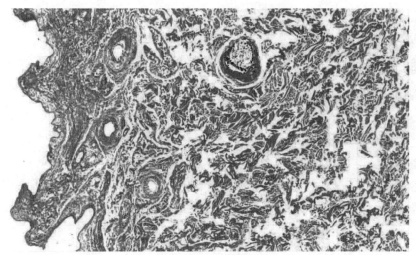

图 1-13　尾部皮肤 1
（HE 染色　100 倍）

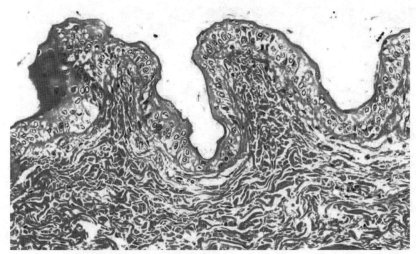

图 1-14　尾部皮肤 2
（HE 染色　400 倍）

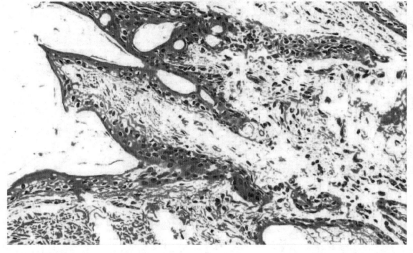

图 1-15　尾部皮肤 3
（HE 染色　100 倍）

图 1-16 尾部皮肤 4
（HE 染色 400 倍）

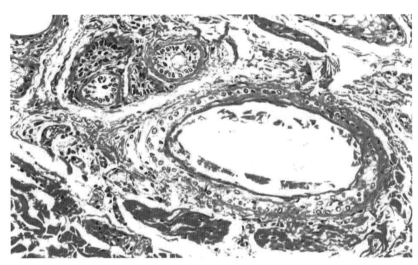

图 1-17 尾部皮肤 5
（HE 染色 400 倍）

图 1-18 尾部皮肤 6
（HE 染色 400 倍）

二、衍生物

（一）毛

羊体表分布有大量的毛（hair）。毛包括毛干和毛根。毛干露出皮肤表面，由角化细胞构成；毛根埋于皮肤内部；毛根末端膨大形成毛球，被毛囊包裹，为毛的生长点，增细胞分裂活跃，增殖能力强；毛球顶端向下凹陷，形成杯状的毛乳头。

（二）皮脂腺

皮脂腺（sebaceous gland）位于毛囊和竖毛肌之间，由一个或几个囊状的腺泡与一个共同的短导管构成。腺泡的外层细胞呈立方形，核圆而色浅，细胞增殖力强，分泌皮脂。导管部短小，由复层扁平上皮构成，大多开口于毛囊上段，也有些直接开口在皮肤表面。

（三）汗腺

汗腺（suboriferous）包括大汗腺和小汗腺，为单管腺，分布于真皮或皮下组织内，排出管呈螺旋状。汗腺周围分布有平滑肌和毛细血管网。分泌部细胞呈锥体形，细胞核圆形，位于细胞基底部；胞质染色较浅。导管由立方上皮细胞构成，开口于表皮的表面。

（四）乳腺

乳腺（breast）分布于皮下浅筋膜的浅层与深层之间。浅筋膜的结缔组织伸入乳腺组织内形成条索状的小叶间隔，将乳腺分隔成大量腺小叶。腺小叶分布有大量腺泡。腺泡开口于小叶内导管，依次汇聚形成小叶间导管和总导管。小叶内导管由单层柱状或立方上皮构成；小叶间导管由复层柱状上皮构成；总导管由复层扁平上皮构成。总导管开口于乳头，分泌富含糖、蛋白质、脂肪、盐及维生素等营养物质的乳汁，用于喂养小崽。

第二章　肌组织

肌组织(muscle tissue)由肌细胞和结缔组织构成,分为骨骼肌(又称横纹肌和体壁肌)、心肌和平滑肌三类。肌细胞呈长纤维形或柱状,又称肌纤维(muscle fiber)。骨骼肌分布于四肢和体壁,受意识支配,属于随意肌;心肌和平滑肌不受意识支配,而受自主神经支配,属于不随意肌。

骨是由骨细胞、纤维和基质构成的坚硬的结缔组织,表面被覆骨膜,包括两端的关节软骨、骨骺和中间的骨干。

一、骨骼肌

(一)分布部位

骨骼肌(skeletal muscle)主要分布于四肢、躯干体壁、眼球、眼睑、舌及耳等部位,收缩有力,易疲劳。

(二)组织结构

骨骼肌又称横纹肌和体壁肌,一块肌组织表面覆盖着肌外膜(epimysium)、肌束膜(perimysium)和肌内膜(endomysium)。

骨骼肌细胞呈长圆柱状,长度为1~40毫米;数十至数百个椭圆形细胞核分布于细胞膜下;细胞表面有明显的由肌原纤维内粗、细两种肌丝排列形成的明、暗带构成的周期性横纹。

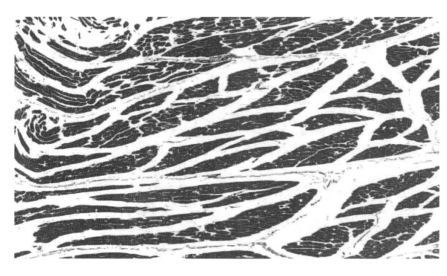

图 2-1　咬肌 1
(HE 染色　50 倍)

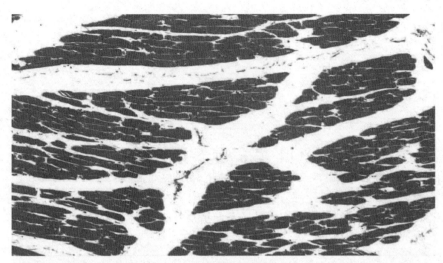

图 2-2 咬肌 2
（HE 染色　100 倍）

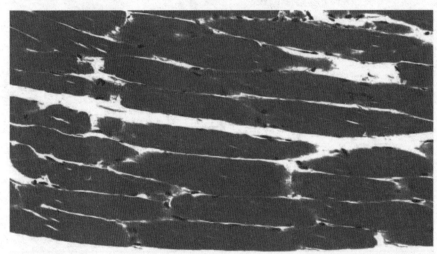

图 2-3 咬肌 3
（HE 染色　400 倍）

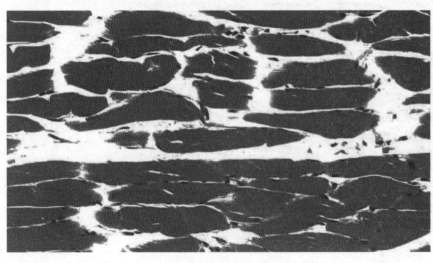

图 2-4 咬肌 4
（HE 染色　400 倍）

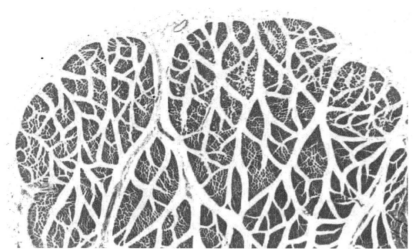

图 2-5　二腹肌 1
（HE 染色　50 倍）

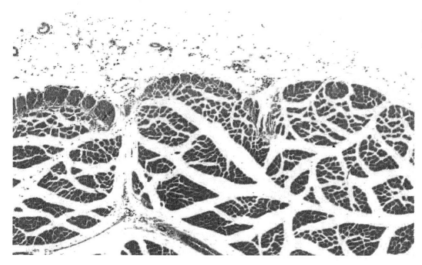

图 2-6　二腹肌 2
（HE 染色　100 倍）

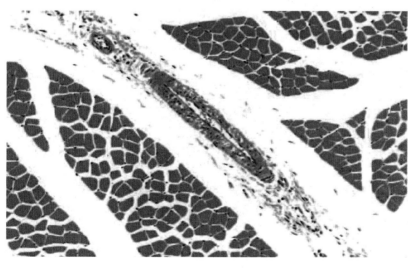

图 2-7　二腹肌 3
（HE 染色　200 倍）

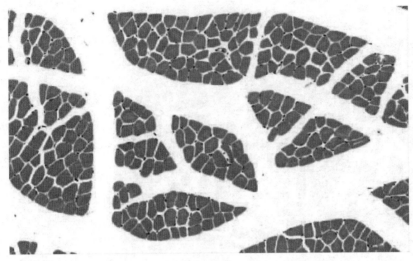

图 2-8　二腹肌 4
（HE 染色　200 倍）

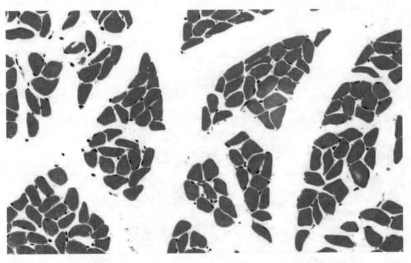

图 2-9　二腹肌 5
（HE 染色　200 倍）

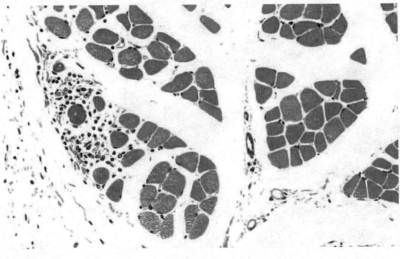

图 2-10　二腹肌 6
（HE 染色　200 倍）

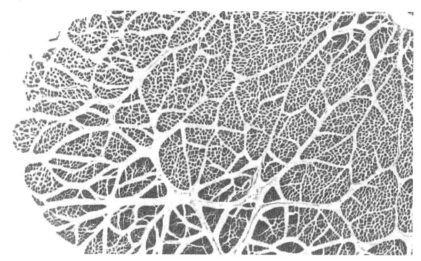

图 2-11　翼肌 1
（HE 染色　50 倍）

图 2-12　翼肌 2
（HE 染色　200 倍）

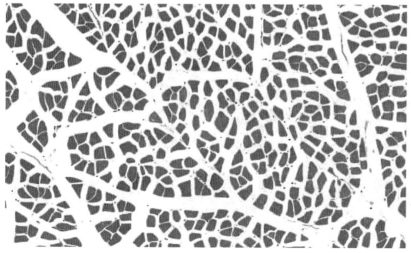

图 2-13　翼肌 3
（HE 染色　200 倍）

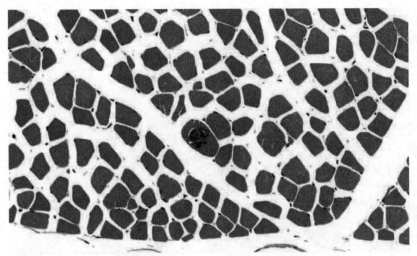

图 2-14　翼肌 4
（HE 染色　400 倍）

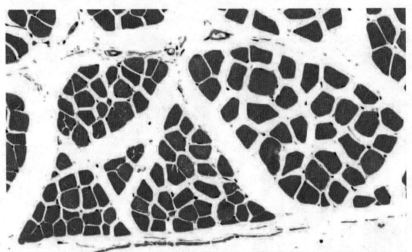

图 2-15　翼肌 5
（HE 染色　400 倍）

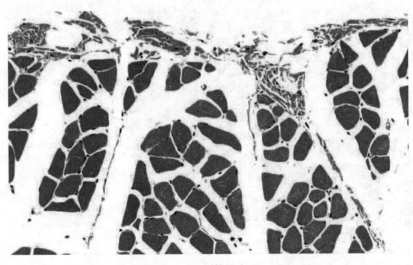

图 2-16　翼肌 6
（HE 染色　400 倍）

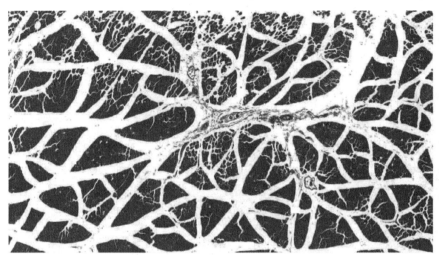

图 2-17　背腰最长肌
1（HE 染色　50 倍）

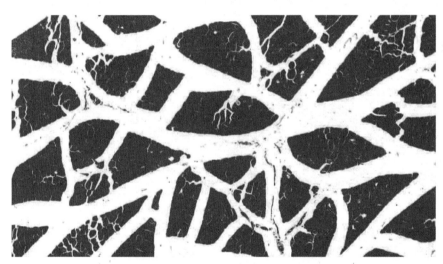

图 2-18　背腰最长肌
2（HE 染色　100 倍）

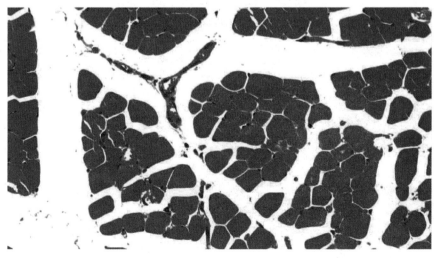

图 2-19　背腰最长肌
3（HE 染色　400 倍）

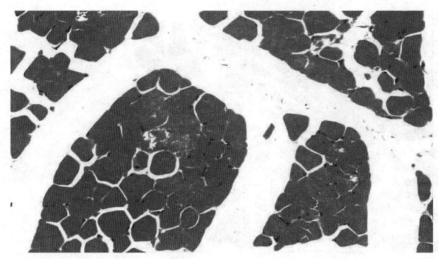

图 2-20　背腰最长肌
4(HE 染色　400 倍)

图 2-21　背腰最长肌
5(HE 染色　400 倍)

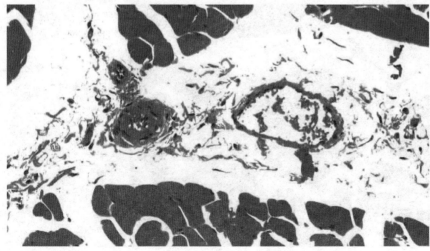

图 2-22　背腰最长肌
6(HE 染色　400 倍)

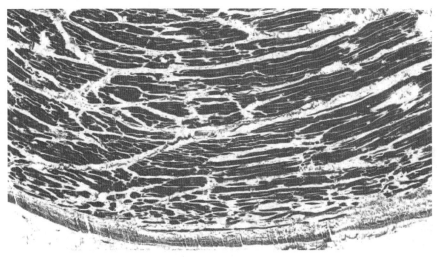

图 2-23　坐骨海绵体肌 1（HE 染色　50 倍）

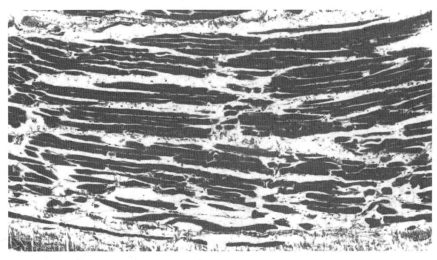

图 2-24　坐骨海绵体肌 2（HE 染色　100 倍）

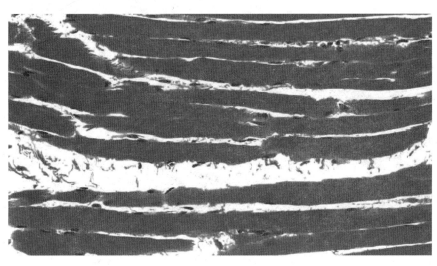

图 2-25　坐骨海绵体肌 3（HE 染色　400 倍）

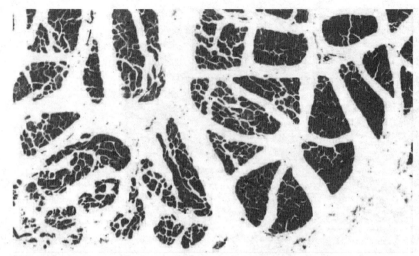

图 2-26　腓肠肌 1
（HE 染色　100 倍）

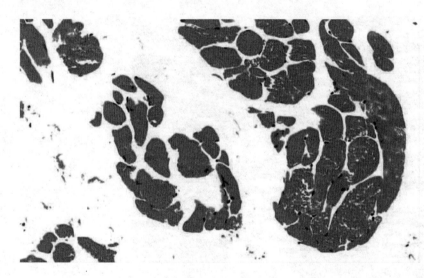

图 2-27　腓肠肌 2
（HE 染色　400 倍）

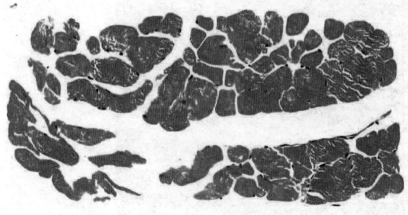

图 2-28　腓肠肌 3
（HE 染色　400 倍）

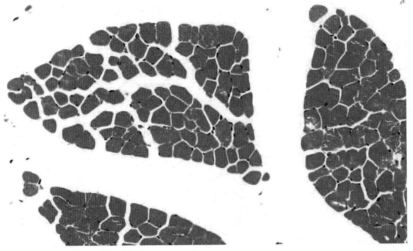

图 2-29 腓肠肌 4
（HE 染色 400 倍）

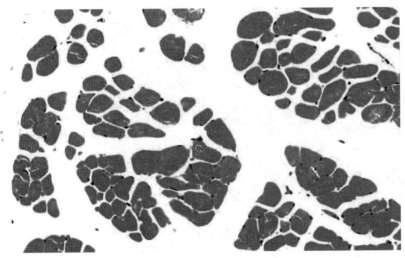

图 2-30 腓肠肌 5
（HE 染色 400 倍）

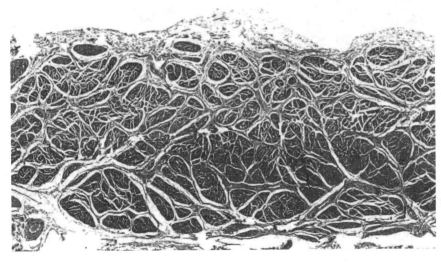

图 2-31 韧带 1
（HE 染色 50 倍）

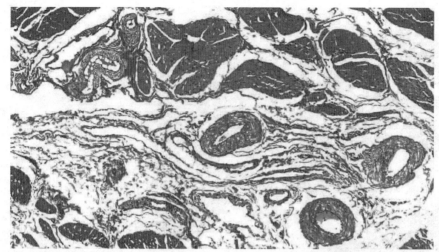

图 2-32 韧带 2
（HE 染色 100 倍）

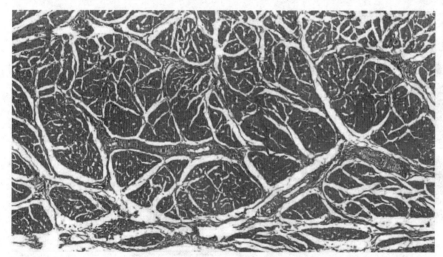

图 2-33 韧带 3
（HE 染色 100 倍）

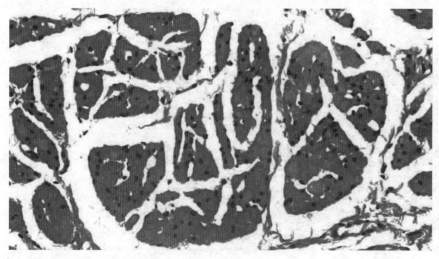

图 2-34 韧带 4
（HE 染色 400 倍）

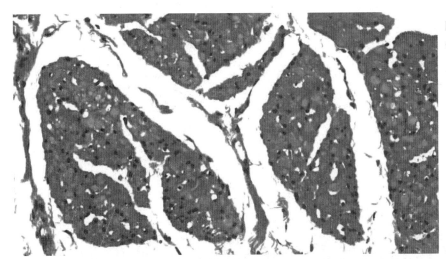

图 2-35 韧带 5
（HE 染色 400 倍）

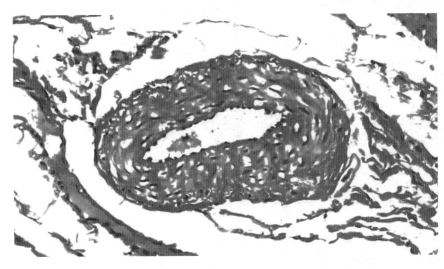

图 2-36 韧带 6
（HE 染色 400 倍）

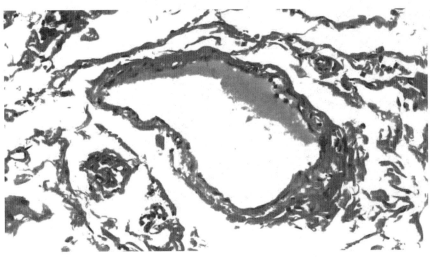

图 2-37 韧带 7
（HE 染色 400 倍）

二、心肌

(一)分布部位

心肌(cardiac muscle)主要分布于心房、心室,也分布于靠近心脏的大血管。

(二)组织结构

心肌细胞部分呈短圆柱状,部分有分支。心肌大部分仅有一个椭圆形的细胞核,位于细胞中央,部分有两个或多个细胞核。

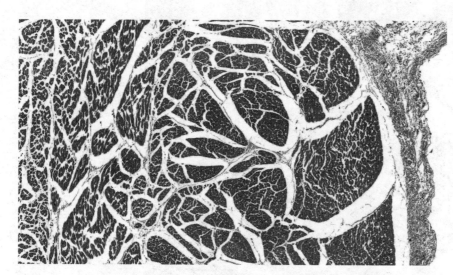

图 2-38　左心房 1
(HE 染色　100 倍)

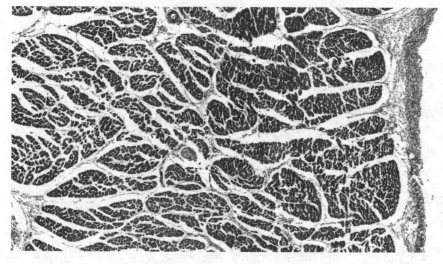

图 2-39　左心房 2
(HE 染色　100 倍)

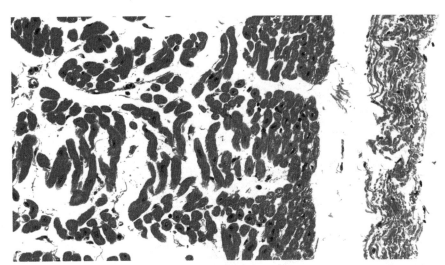

图 2-40 左心房 3
（HE 染色 400 倍）

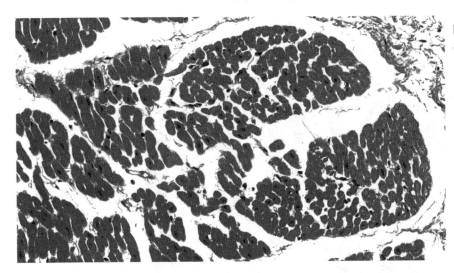

图 2-41 左心房 4
（HE 染色 400 倍）

图 2-42 左心室 1
（HE 染色 100 倍）

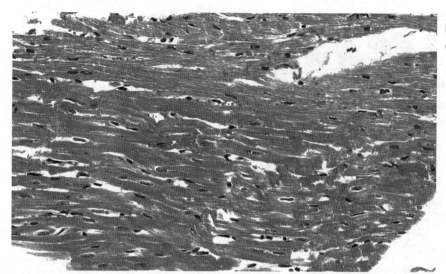

图 2-43 左心室 2
（HE 染色 400 倍）

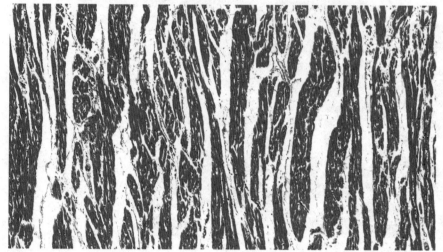

图 2-44 右心室 1
（HE 染色 100 倍）

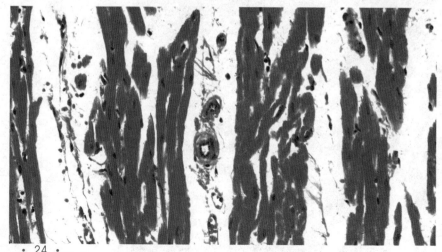

图 2-45 右心室 2
（HE 染色 400 倍）

三、平滑肌

(一)分布部位

平滑肌(smooth muscle)分布于体内包括血管、食管、胃、肠、子宫及膀胱等在内的管、腔、囊器官壁内肌层。

(二)光镜结构

平滑肌呈扁平梭形,与骨骼肌和心肌不同,平滑肌细胞表面无横纹分布,细胞核位于细胞中央,呈椭圆形;有的细胞呈螺旋状。

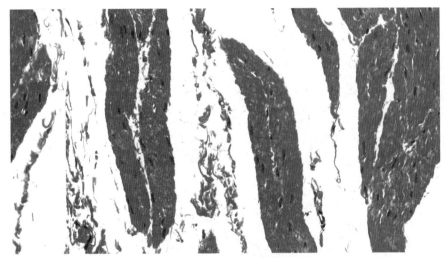

图 2-46　网胃壁肌 1
(HE 染色　100 倍)

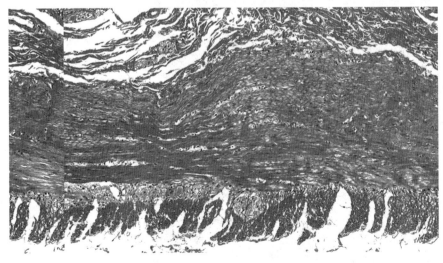

图 2-47　网胃壁肌 2
(HE 染色　400 倍)

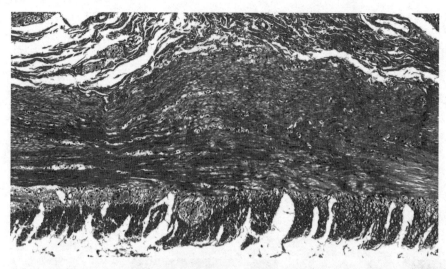

图 2-48　十二指肠壁肌 1（HE 染色　150 倍）

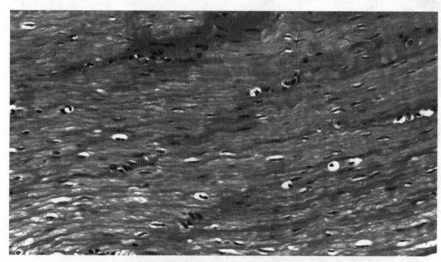

图 2-49　十二指肠壁肌 2（HE 染色　400 倍）

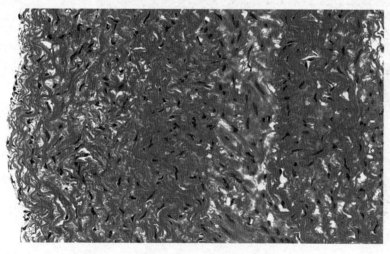

图 2-50　主动脉壁肌（HE 染色　400 倍）

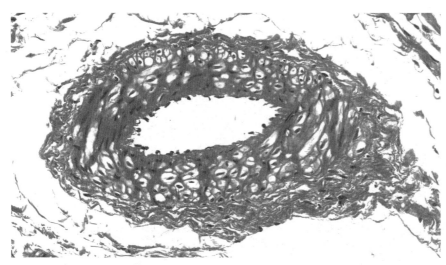

图 2-51 子宫壁动脉
（HE 染色 400 倍）

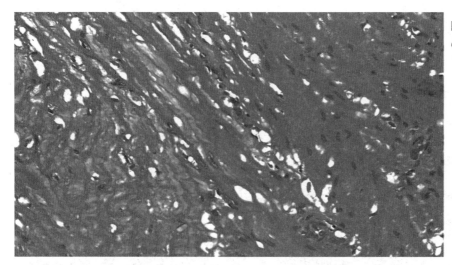

图 2-52 子宫壁 1
（HE 染色 400 倍）

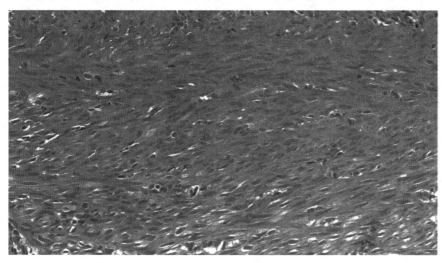

图 2-53 子宫壁 2
（HE 染色 400 倍）

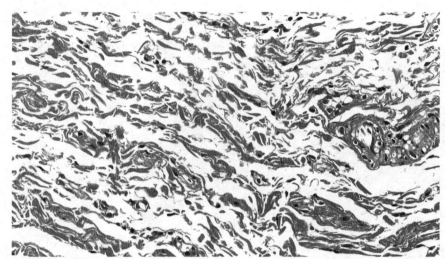

图 2-54　阴道壁
（HE 染色　400 倍）

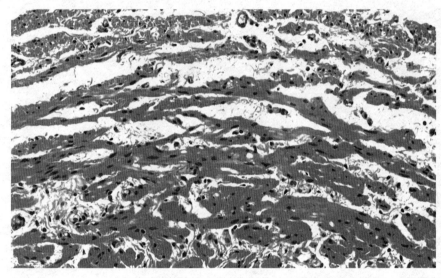

图 2-55　输尿管壁
（HE 染色　400 倍）

第三章　消化管

消化道是食物与水的通道,包括口腔、咽、食管、胃、小肠(分为十二指肠、空肠和回肠)、大肠(分为盲肠、结肠和直肠)。组织结构由内至外分为黏膜、黏膜下层、肌层和外膜层。

消化管经过物理性和化学性消化分解食物、吸收营养并负责排泄。

一、口腔

口腔上方前部为硬腭,黏膜表面覆盖角化的复层扁平上皮;黏膜下层为结缔组织,此处分布有腺体导管开口。硬腭黏膜后方为不角化的软腭黏膜,黏膜下层的疏松结缔组织含有腭腺。

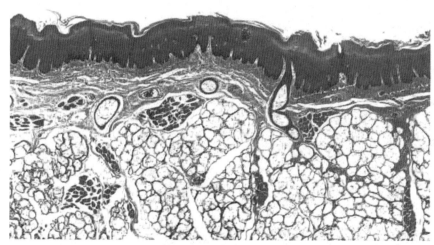

图 3-1　软腭 1
(HE 染色　50 倍)

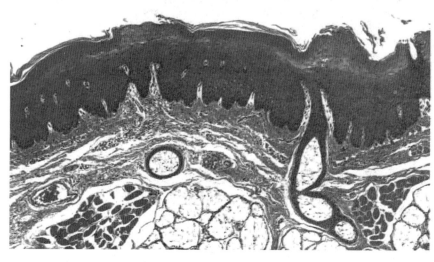

图 3-2　软腭 2
(HE 染色　100 倍)

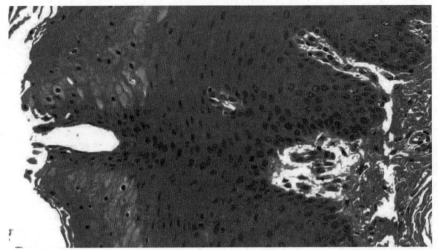

图 3-3　软腭 3
（HE 染色　400 倍）

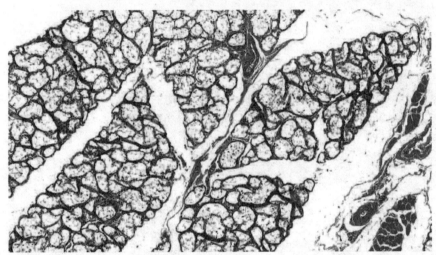

图 3-4　软腭黏液腺 4
（HE 染色　100 倍）

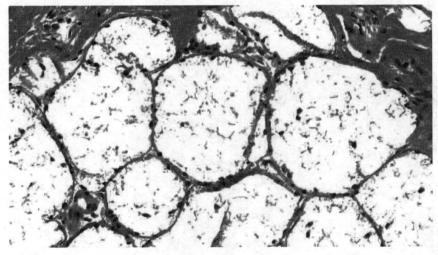

图 3-5　软腭黏液腺 5
（HE 染色　400 倍）

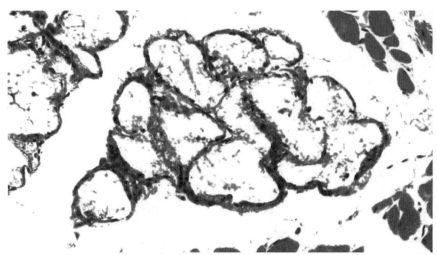

图 3-6 软腭黏液腺 6
（HE 染色 400 倍）

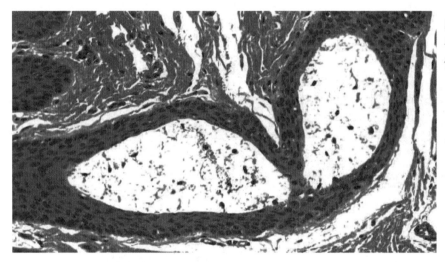

图 3-7 软腭黏液腺
导管（HE 染色 400
倍）

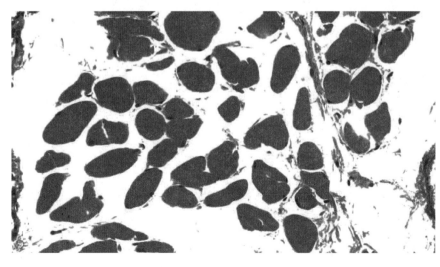

图 3-8 软腭肌束 1
（HE 染色 400 倍）

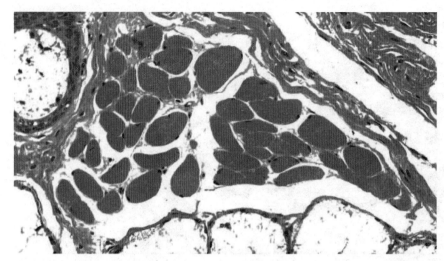

图 3-9　软腭肌束 2
（HE 染色　400 倍）

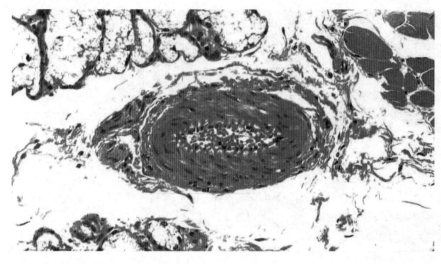

图 3-10　软腭小动脉
（HE 染色　400 倍）

二、咽

　　咽位于鼻腔、口腔和喉腔的交汇处，黏膜上皮为假复层纤毛柱状上皮，淋巴组织、杯状细胞和混合腺发达，咽两侧黏膜有腭扁桃体。

三、食管

　　食管前端为咽，后端是胃；包括黏膜层、黏膜下层、肌层和外膜。

（一）黏膜层

　　上皮为复层扁平上皮；固有层为结缔组织；黏膜肌为平滑肌。

（二）黏膜下层

黏膜下层为疏松结缔组织，分布有血管、淋巴管、腺体、神经和脂肪细胞。黏膜和黏膜下层形成的纵行皱襞可扩大管道面积。

（三）肌层

食管前段肌层由骨骼肌构成；后段为平滑肌。

（四）外膜

外膜为结缔组织被膜。

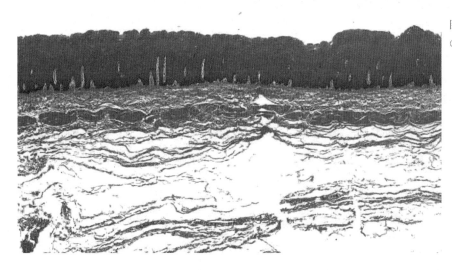

图 3-11　食管 1
（HE 染色　50 倍）

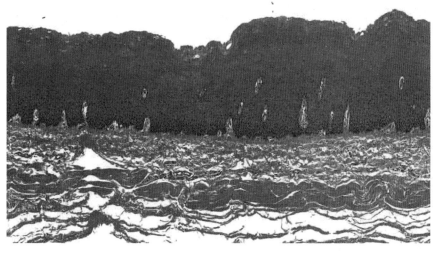

图 3-12　食管 2
（HE 染色　100 倍）

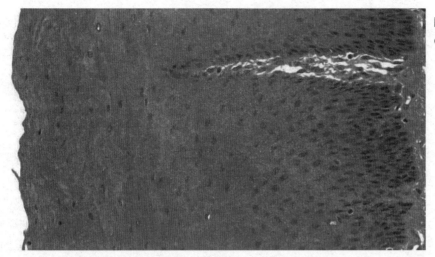

图 3-13　食管 3
（HE 染色　400 倍）

图 3-14　食管黏膜
下层
（HE 染色　100 倍）

图 3-15　食管黏膜
肌层
（HE 染色　400 倍）

四、胃

羊的胃为多室胃,分为瘤胃、网胃、瓣胃和皱胃。

前三个胃的黏膜上皮为复层扁平上皮,浅层上皮角质化;固有层为致密结缔组织。瘤胃无黏膜肌;网胃和瓣胃有黏膜肌。肌层分为内环行、外纵行平滑肌。外膜为薄层浆膜。

皱胃是真胃,分布有贲门腺、胃底腺和幽门腺,分泌消化液。

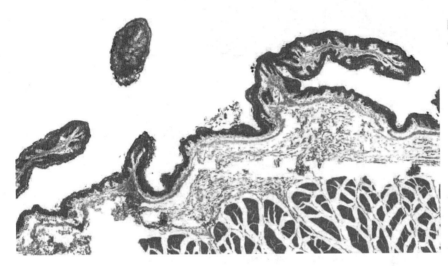

图 3-16　瘤胃 1
（HE 染色　50 倍）

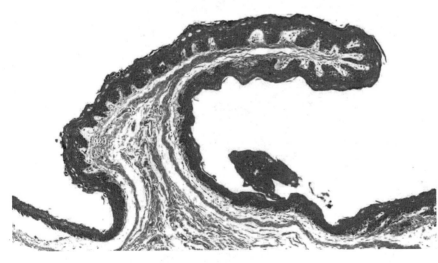

图 3-17　瘤胃 2
（HE 染色　100 倍）

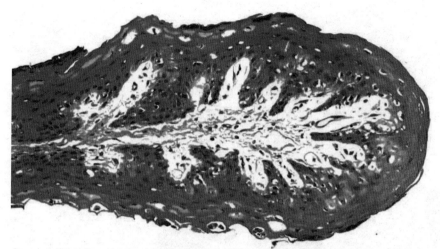

图 3-18　瘤胃 3
（HE 染色　350 倍）

图 3-19　瘤胃黏膜下
层（HE 染色　400 倍）

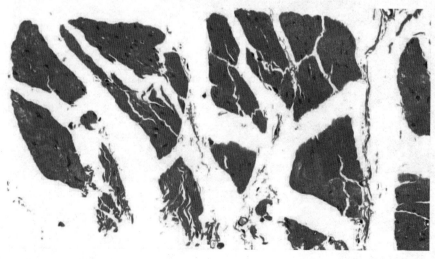

图 3-20　瘤胃肌层
（HE 染色　400 倍）

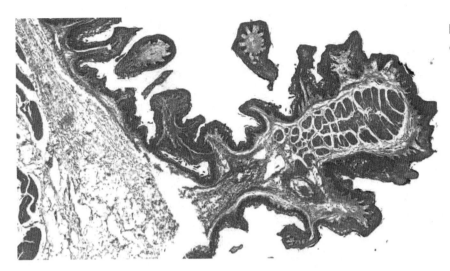

图 3-21　网胃 1
（HE 染色　50 倍）

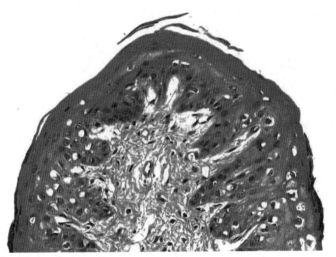

图 3-22　网胃 2
（HE 染色　400 倍）

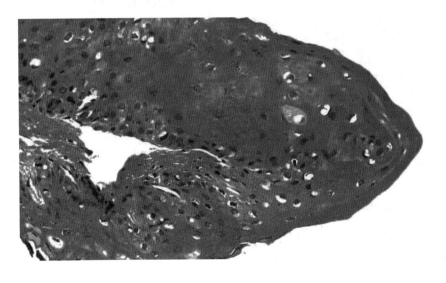

图 3-23　网胃 3
（HE 染色　400 倍）

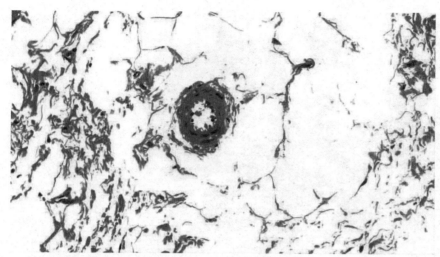

图 3-24 网胃黏膜下层（HE 染色 400 倍）

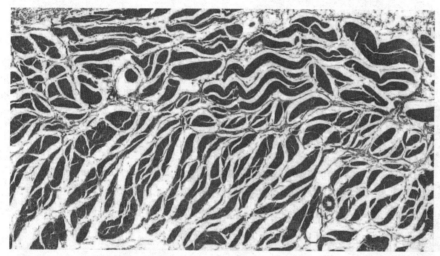

图 3-25 网胃肌层 1（HE 染色 50 倍）

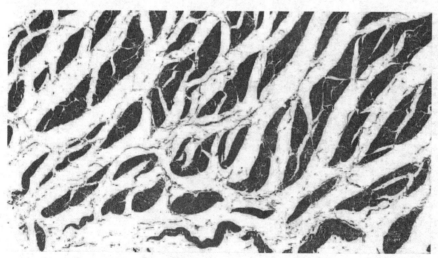

图 3-26 网胃肌层 2（HE 染色 100 倍）

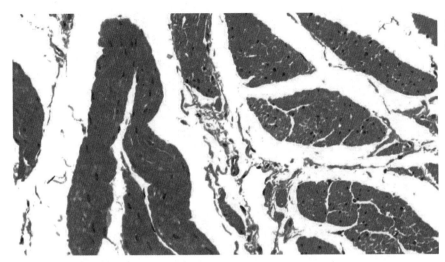

图 3-27 网胃肌层 3
（HE 染色 400 倍）

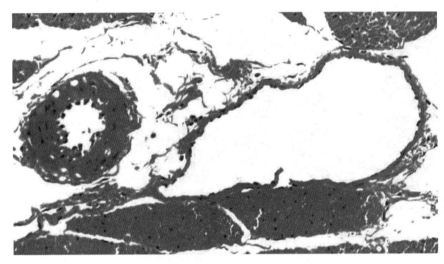

图 3-28 网胃壁血管
（HE 染色 400 倍）

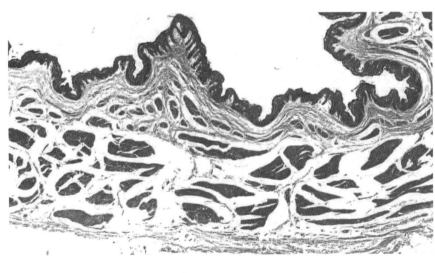

图 3-29 瓣胃 1
（HE 染色 50 倍）

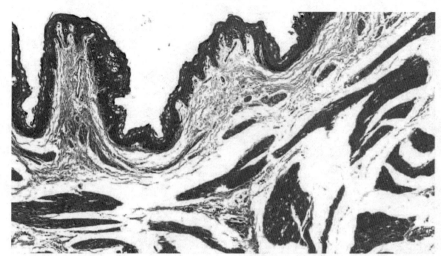

图 3-30　瓣胃 2
（HE 染色　100 倍）

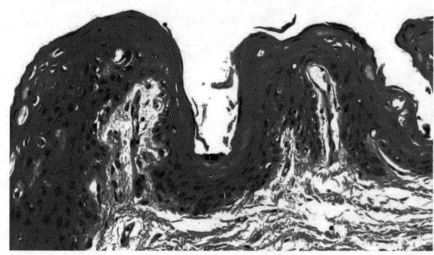

图 3-31　瓣胃 3
（HE 染色　400 倍）

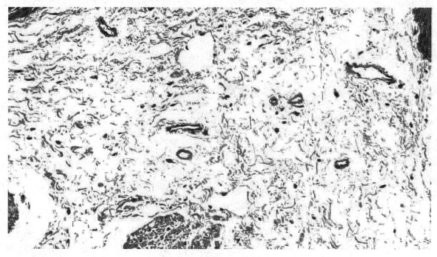

图 3-32　瓣胃黏膜下
层 1（HE 染色　400
倍）

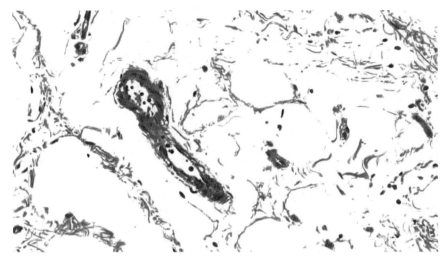

图 3-33 瓣胃黏膜下层 2（HE 染色 400倍）

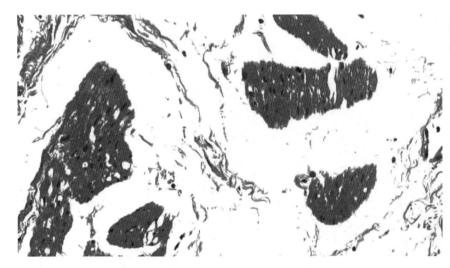

图 3-34 瓣胃肌层 1（HE 染色 400倍）

图 3-35 瓣胃肌层 2（HE 染色 400倍）

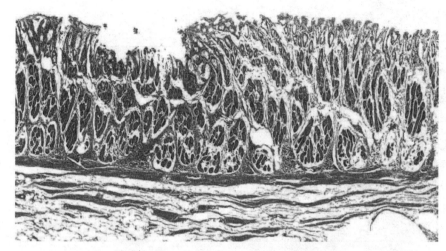

图 3-36　皱胃 1
（HE 染色　50 倍）

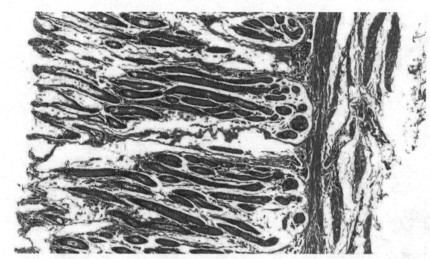

图 3-37　皱胃 2
（HE 染色　100 倍）

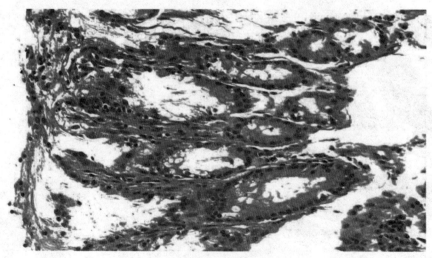

图 3-38　皱胃 3
（HE 染色　400 倍）

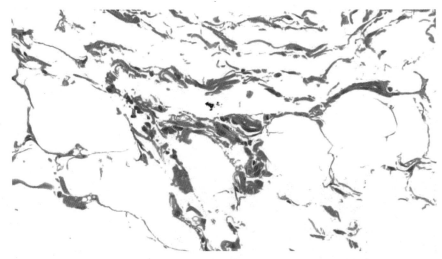

图 3-39 皱胃下层
（HE 染色　400 倍）

五、小肠

小肠管壁包括黏膜、黏膜下层、肌层和外膜。

（一）黏膜

1.上皮

为分布于黏膜表面的单层柱状上皮，主要包括柱状细胞、杯状细胞、内分泌细胞、潘氏细胞和干细胞五种细胞。其中柱状细胞呈高柱状，顶端有密集的微绒毛，可增大吸收面积。杯状细胞存在于柱状细胞之间，分泌黏液，润滑上皮。内分泌细胞分泌的胆囊收缩素和促胰酶素调节胰液和胆汁的分泌。呈锥形的潘氏细胞位于肠腺底部，分泌防御素和溶菌酶。干细胞位于小肠腺底部，呈柱状，不断增殖。

2.固有层

为含有丰富的中央乳糜管、毛细血管、平滑肌纤维和淋巴小结等的疏松结缔组织。乳糜管（淋巴管）管腔分布于单层扁平上皮，功能为运输乳糜微粒。毛细血管负责吸收水溶性物质。

3.黏膜肌层

由薄层的内环行和外纵行平滑肌构成。

（二）黏膜下层

为疏松结缔组织，血管、淋巴管和神经丛发达；仅在十二指肠黏膜下层分布有丰富的十二指肠腺。

（三）肌层

由内环形、外纵形两层平滑肌构成，活动受肌间神经丛支配。

(四)外膜

为浆膜组织。

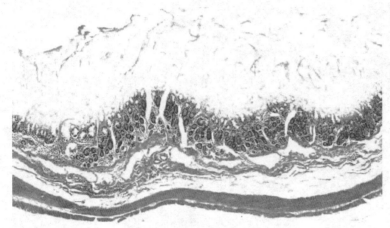

图 3-40　十二指肠前段 1
（HE 染色　50 倍）

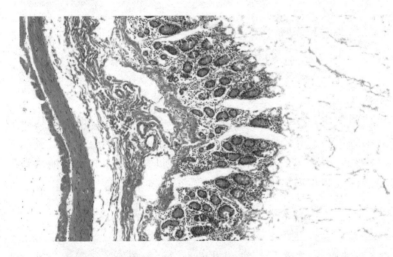

图 3-41　十二指肠前段 2
（HE 染色　100 倍）

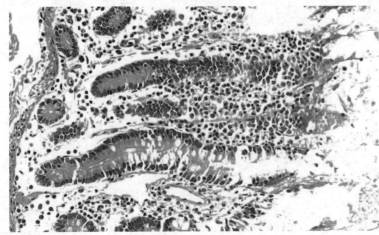

图 3-42　十二指肠前段 3
（HE 染色　400 倍）

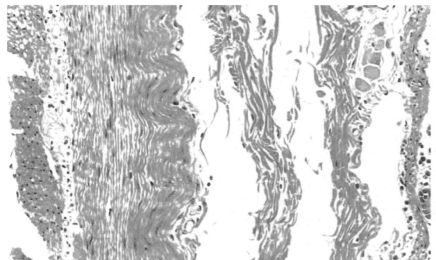

图 3-43　十二指肠前段肌层（HE 染色 400 倍）

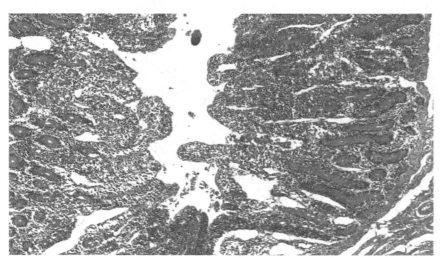

图 3-44　十二指肠中段 1（HE 染色 100 倍）

图 3-45　十二指肠中段 2（HE 染色 400 倍）

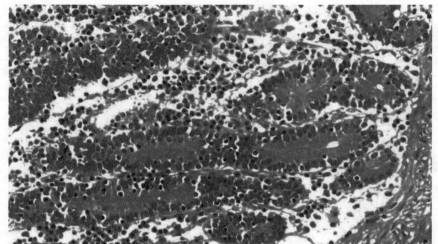

图 3-46 十二指肠中段 3（HE 染色 400 倍）

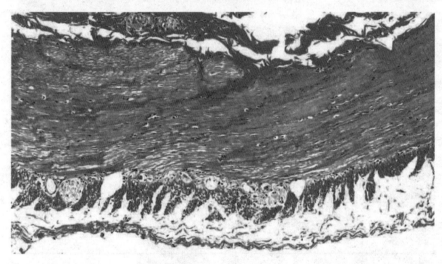

图 3-47 十二指肠中段肌层（HE 染色 400 倍）

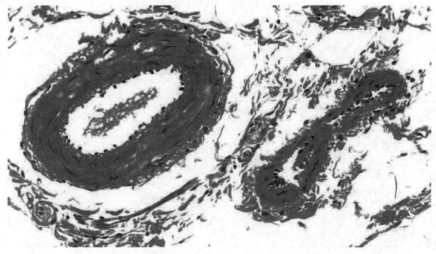

图 3-48 十二指肠中段壁层小血管（HE 染色 400 倍）

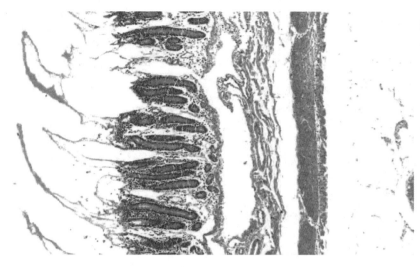

图 3-49　十二指肠末段 1
（HE 染色　100 倍）

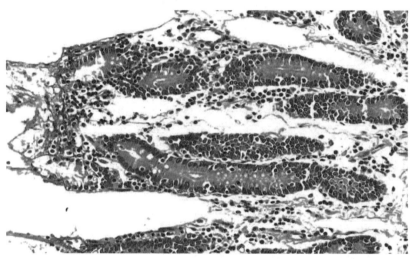

图 3-50　十二指肠末段 2
（HE 染色　400 倍）

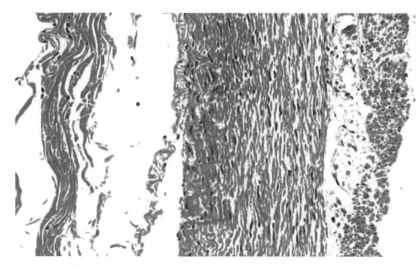

图 3-51　十二指肠末段壁
肌层（HE 染色　400 倍）

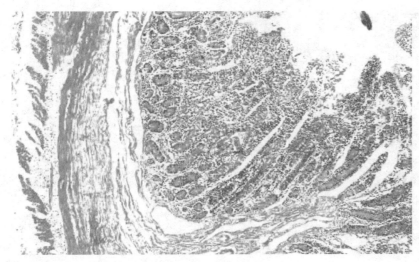

图 3-52　空肠前段
（HE 染色　100 倍）

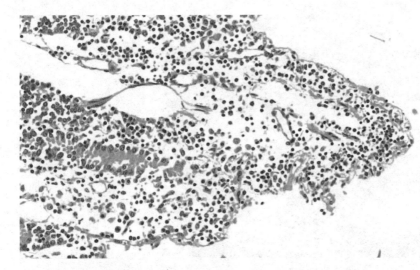

图 3-53　空肠前段黏膜
（HE 染色　400 倍）

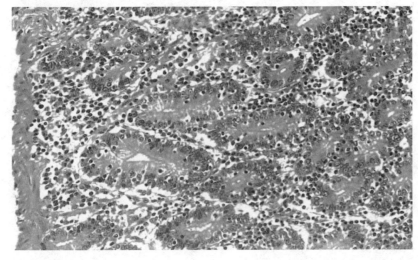

图 3-54　空肠前段小肠腺
1（HE 染色　400 倍）

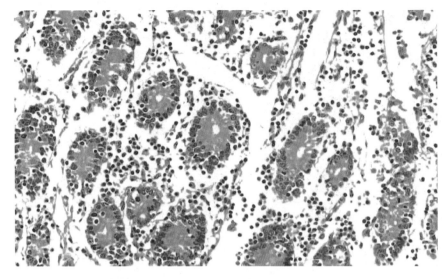

图 3-55 空肠前段小肠腺 2（HE 染色 400 倍）

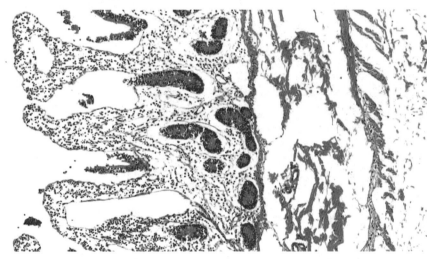

图 3-56 空肠中段（HE 染色 130 倍）

图 3-57 空肠中段黏膜（HE 染色 400 倍）

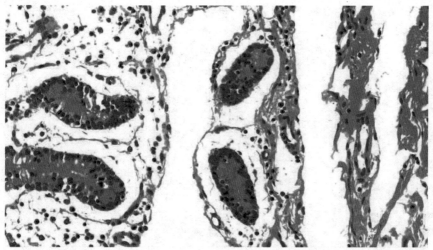

图 3-58　空肠中段小肠腺（HE 染色　400倍）

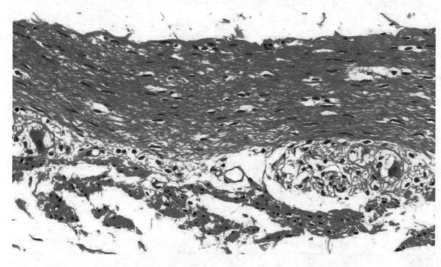

图 3-59　空肠中段肌层（HE 染色　400 倍）

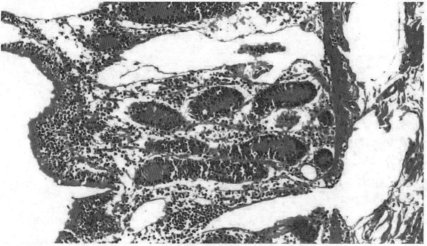

图 3-60　回肠（HE 染色　200 倍）

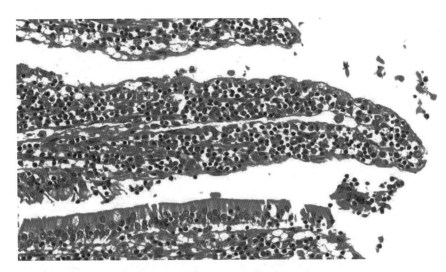

图 3-61 回肠黏膜
（HE 染色 400 倍）

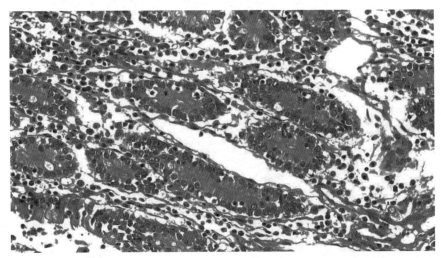

图 3-62 回肠小肠腺
（HE 染色 400 倍）

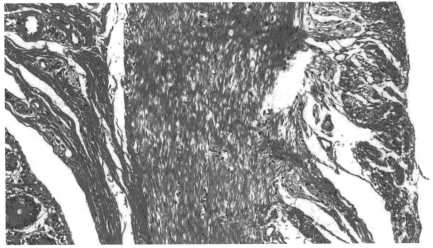

图 3-63 回肠肌层
（HE 染色 200 倍）

六、大肠

大肠位于回肠后方,组织结构与小肠相似。

(一)黏膜

黏膜上皮光滑,无绒毛分布,不形成环形皱襞。
上皮为单层高柱状上皮,杯状细胞发达。固有层含肠腺和淋巴孤结较多,肠腺较发达。

(二)黏膜下层

由疏松结缔组织构成,脂肪细胞发达。

(三)肌层

由内环形和外纵形两层平滑肌构成。

(四)外膜

主要为纤维膜。

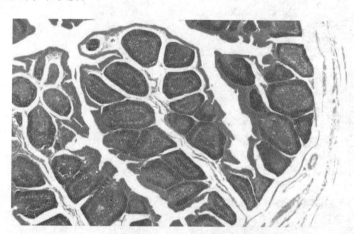

图 3-64 盲肠 1
(HE 染色 50 倍)

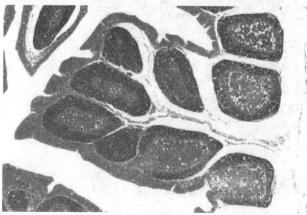

图 3-65 盲肠 2
(HE 染色 100 倍)

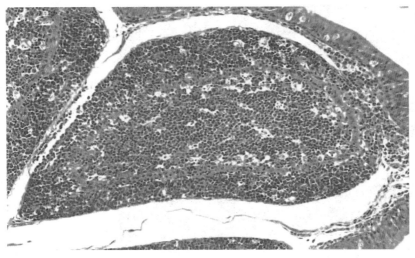

图 3-66 盲肠 3
（HE 染色 350 倍）

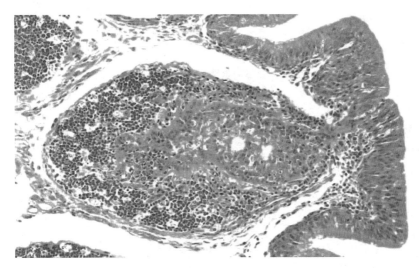

图 3-67 盲肠 4
（HE 染色 350 倍）

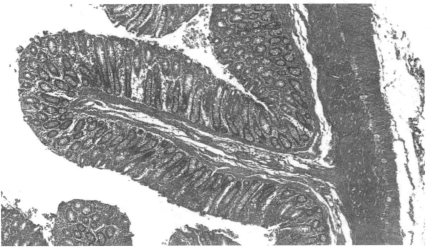

图 3-68 结肠 1
（HE 染色 50 倍）

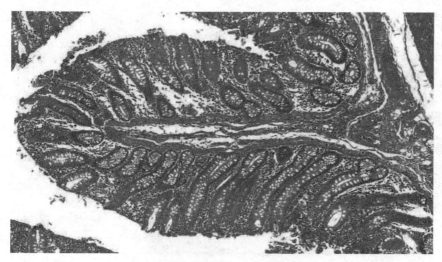

图 3-69　结肠 2
（HE 染色　100 倍）

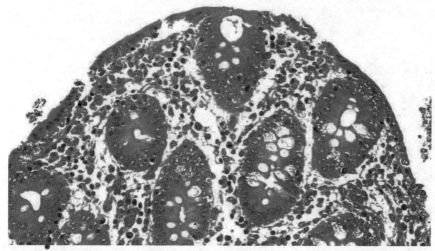

图 3-70　结肠黏膜
（HE 染色　400 倍）

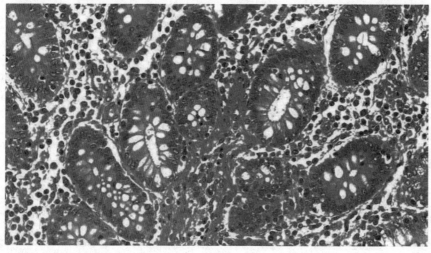

图 3-71　结肠小肠腺
（HE 染色　400 倍）

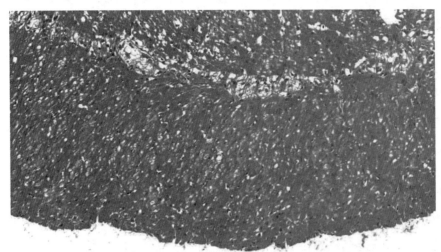

图 3-72 结肠肌层
（HE 染色 400 倍）

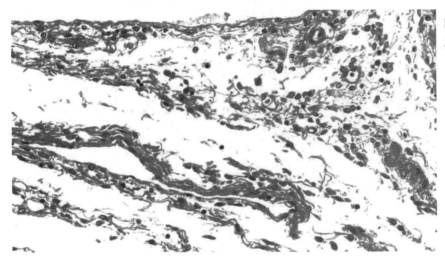

图 3-73 结肠黏膜下
层（HE 染色 400 倍）

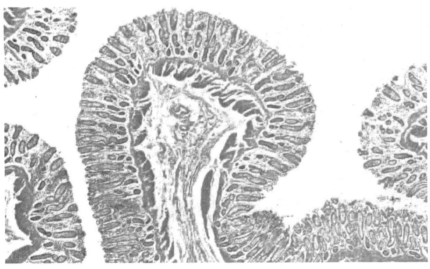

图 3-74 直肠
（HE 染色 50 倍）

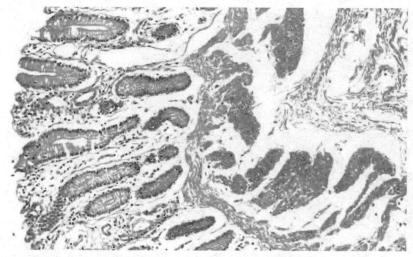

图 3-75　直肠黏膜 1
（HE 染色　200 倍）

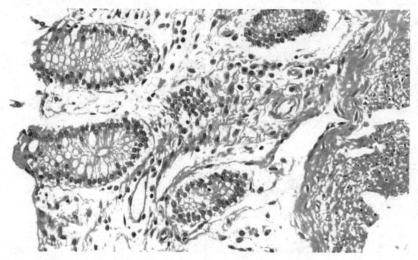

图 3-76　直肠黏膜 2
（HE 染色　400 倍）

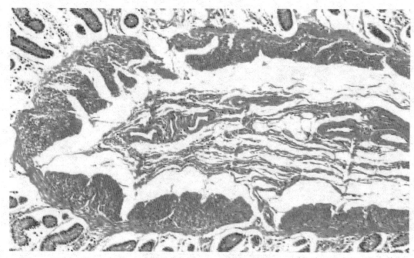

图 3-77　直肠黏膜下层 1
（HE 染色　150 倍）

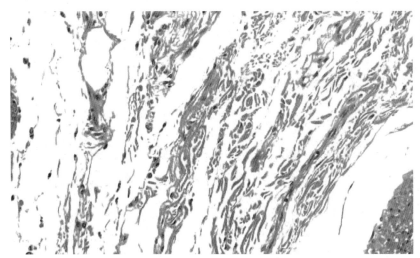

图 3-78 直肠黏膜下层 2
（HE 染色 400 倍）

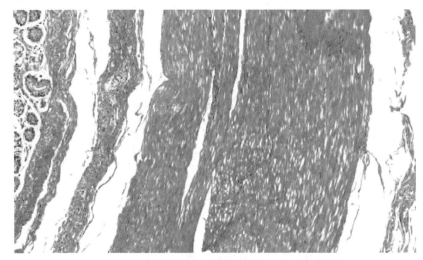

图 3-79 直肠肌层 1
（HE 染色 150 倍）

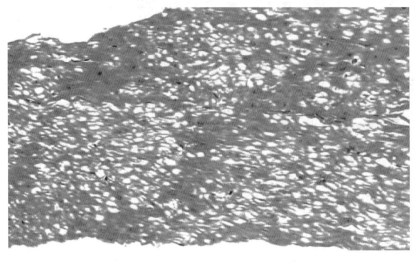

图 3-80 直肠肌层 2
（HE 染色 400 倍）

第四章　消化腺

消化腺包括大消化腺和小消化腺两类。其中,大消化腺包括肝脏、胰腺和唾液腺(腮腺、颌下腺和舌下腺)。小消化腺包括位于消化管壁内的唇腺、颊腺、腭腺、舌腺、食管腺、胃腺、肠腺等。

一、唾液腺

(一)组织结构

腺体表面为结缔组织被膜;分泌部呈管状、泡状或管泡状。导管根据分支情况分为不分支、分支和反复分支三类。

腺细胞包括浆液腺细胞和黏液腺细胞。其中,浆液腺细胞形似锥状,细胞核圆,分泌稀薄而清亮的消化酶,如唾液淀粉酶。黏液腺细胞呈立方形,细胞核扁平,分泌黏稠的消化液。

(二)功能

分泌消化液。

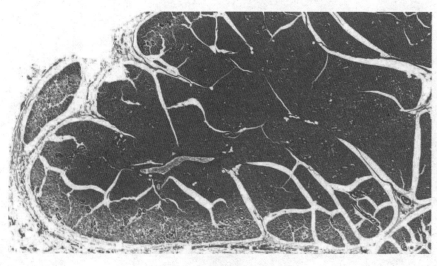

图 4-1　腮腺 1
(HE 染色　25 倍)

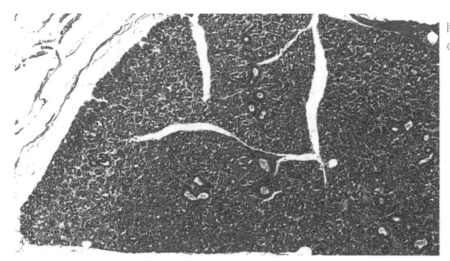

图 4-2 腮腺 2
（HE 染色 100 倍）

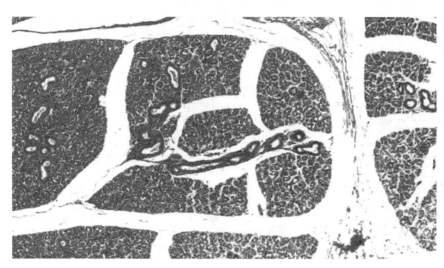

图 4-3 腮腺 3
（HE 染色 100 倍）

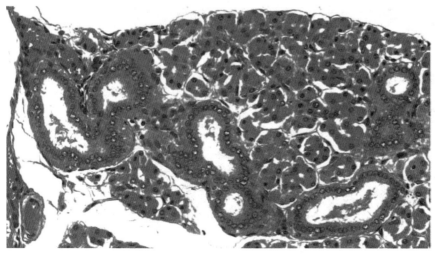

图 4-4 腮腺 4
（HE 染色 400 倍）

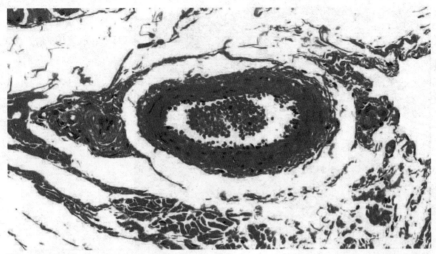

图 4-5　腮腺被膜小动脉（HE 染色　400 倍）

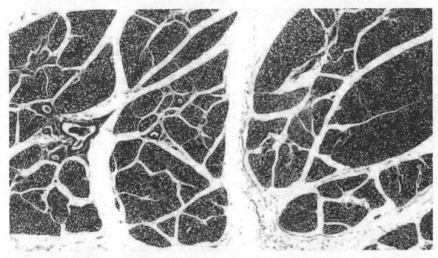

图 4-6　下颌腺 1（HE 染色　20 倍）

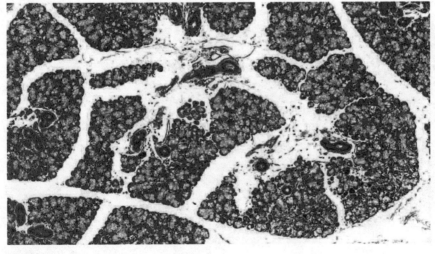

图 4-7　下颌腺 2（HE 染色　100 倍）

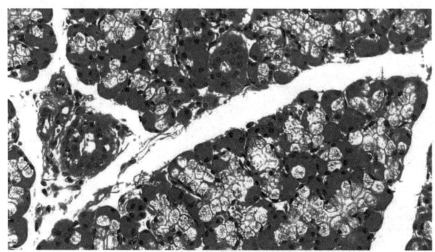

图 4-8　下颌腺 3
（HE 染色　400 倍）

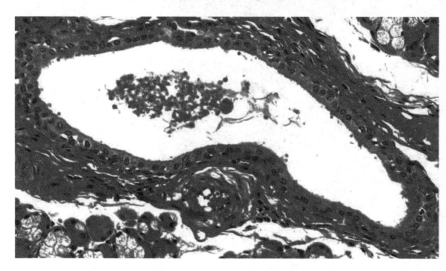

图 4-9　下颌腺导管
（HE 染色　400 倍）

二、肝脏

（一）组织结构

1. 被膜与间质

肝脏外表面被覆致密结缔组织被膜，伸入肝实质，将肝分成许多肝小叶。肝小叶之间为门管区，分布有小叶间动脉、小叶间静脉和小叶间胆管。

2. 实质

肝小叶是肝实质的主要成分，由中央静脉、肝细胞、肝小管和肝血窦构成。中央静脉贯穿肝小叶中央，由单层扁平上皮和薄层结缔组织构成。肝细胞胞体较大，呈多面体形，细胞核位于细胞中央，大而圆。

(二)功能

分泌胆汁;合成糖原、胆固醇、维生素及胆盐等;解毒;吞噬细菌;造血。

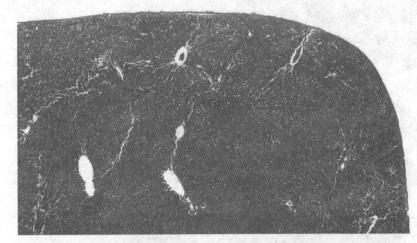

图 4-10　肝 1
（HE 染色　50 倍）

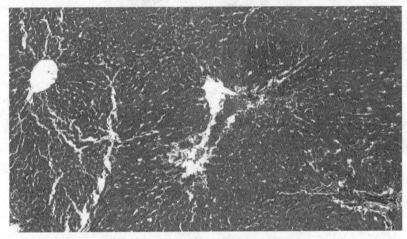

图 4-11　肝 2
（HE 染色　100 倍）

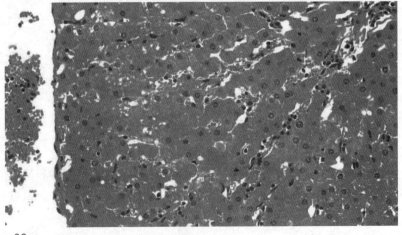

图 4-12　肝 3
（HE 染色　400 倍）

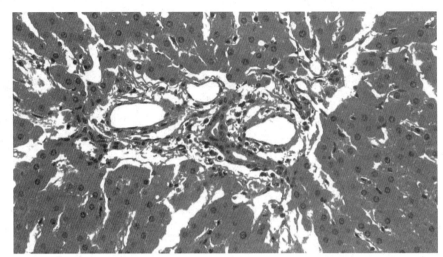

图 4-13 肝 4
（HE 染色 400 倍）

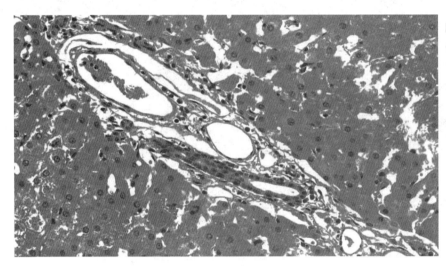

图 4-14 肝 5
（HE 染色 400 倍）

三、胰腺

羊的胰腺（pancreas）为灰黄色、不规则的四边形腺体，经胰管运输胰液到达位于胆管后方的十二指肠腔内。

（一）组织结构

胰腺组织结构包括被膜、间质和实质组织。

1.被膜与间质

被膜由结缔组织构成，含有血管、脂肪和神经，有胰管通过；结缔组织深入胰腺内部，将胰腺分为许多腺小叶。

2.实质

胰腺实质由外分泌部和内分泌部构成。

外分泌部由腺泡和导管构成。腺泡为复球管状腺,分泌含有酶原颗粒的浆液;腺细胞呈锥形,染色浅,核大而圆,分泌的酶原颗粒包括胰蛋白酶原、胰脂肪酶、胰淀粉酶及胰糜蛋白酶原等。

导管有闰管(由扁平的泡心细胞构成)、小叶内导管、小叶间导管和一条主导管;闰管由扁平的泡心细胞构成;导管管壁逐渐增粗,上皮细胞由单层立方形逐渐变为单层高柱状。

内分泌部因其形状像独立的岛状,故又称胰岛,由 α 细胞(A 细胞)、β 细胞(B 细胞)、δ 细胞(D 细胞)及 PP 细胞四种细胞构成。

(二)功能

外分泌部分泌水、钠、钾及酶原颗粒等胰液;内分泌部分泌胰高血糖素、胰岛素、生长抑制素和胰多肽。

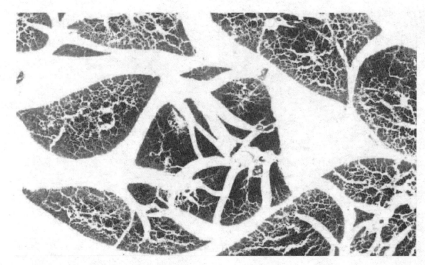

图 4-15　胰腺 1
(HE 染色　40 倍)

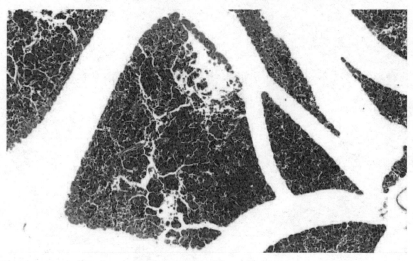

图 4-16　胰腺 2
(HE 染色　100 倍)

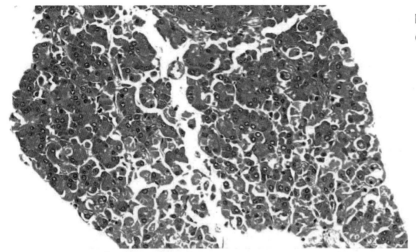

图 4-17 胰腺 3
（HE 染色 400 倍）

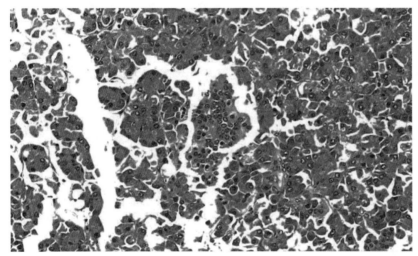

图 4-18 胰腺 4
（HE 染色 400 倍）

第五章　呼吸系统

呼吸系统主要包括鼻、咽、喉、气管、支气管、肺及辅助结构胸廓和肋间肌；功能为吸进氧气、呼出二氧化碳,完成机体与外界的气体交换。

一、鼻腔

鼻腔位于呼吸系统前端的鼻内,由假复层无纤毛柱状上皮构成黏膜。

二、气管

气管由 C 字形软骨环和结缔组织连接形成长形管道。管壁由内至外包括黏膜、黏膜下层和外膜四层组织。

黏膜上皮为假复层纤毛柱状上皮,包括纤毛细胞、杯状细胞、刷细胞、小颗粒细胞和基细胞。固有层内的气管腺的腺细胞呈柱状,胞质内的黏原颗粒可以润滑气管黏膜。

三、喉

位于咽与气管之间,由甲状软骨、环状软骨、会厌软骨、杓状软骨、小角软骨和楔状软骨、韧带、喉肌及黏膜构成。

图 5-1　会厌 1
（HE 染色　100 倍）

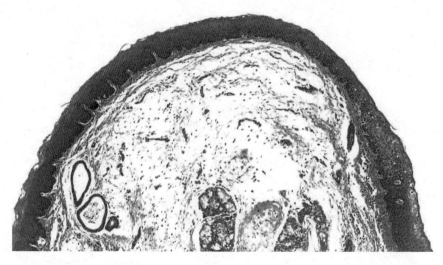

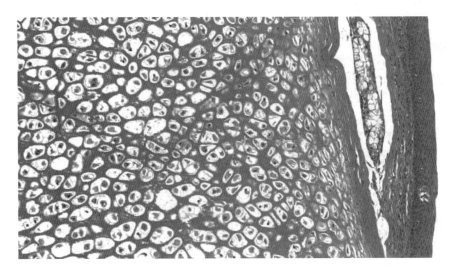

图 5-2 会厌 2
（HE 染色 200 倍）

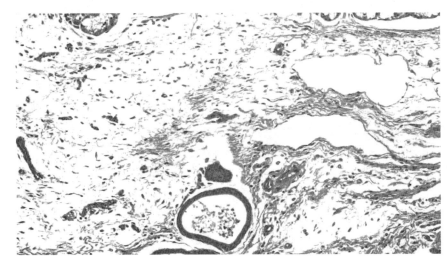

图 5-3 会厌 3
（HE 染色 200 倍）

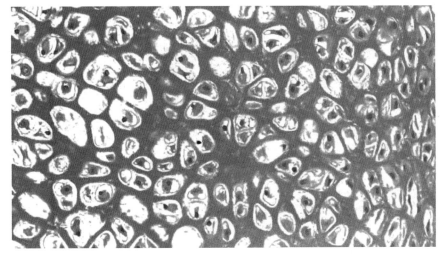

图 5-4 会厌 4
（HE 染色 350 倍）

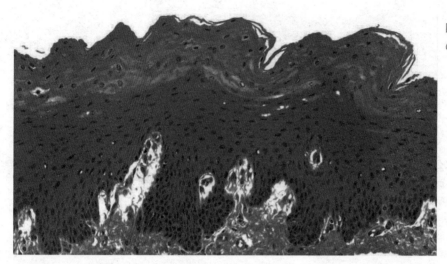

图 5-5　会厌 5
（HE 染色　400 倍）

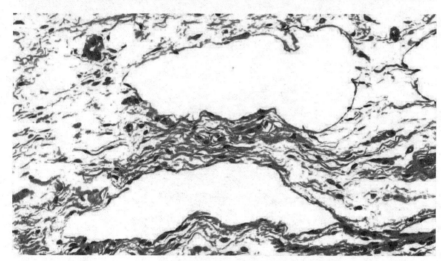

图 5-6　会厌 6
（HE 染色　400 倍）

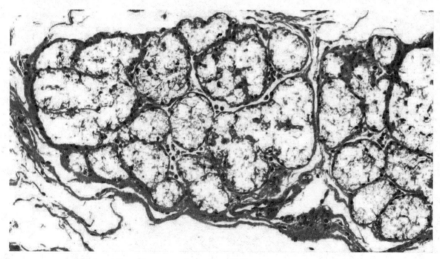

图 5-7　会厌 7
（HE 染色　400 倍）

四、肺

(一)组织结构

1.被膜与间质

肺表面覆盖浆膜,与胸膜形成胸膜腔;浆膜由结缔组织构成,伸入肺实质形成小叶间隔,将肺分成许多肺小叶。

2.实质

实质包括导气部和呼吸部。导气部包括支气管和其发出的各级逐渐缩细的分支气管。由大至小各级支气管上皮细胞由假复层纤毛柱状上皮逐渐变为单层纤毛柱状上皮,上皮内的杯状细胞逐渐减少;固有层腺体逐渐减少;平滑肌逐渐增多,形成完整的一层。呼吸部由呼吸性细支气管、肺泡囊、肺泡管和肺泡构成。呼吸性细支气管上皮为单层立方上皮,与半球形肺泡相通。肺泡由单层扁平Ⅰ型肺泡细胞和单层立方Ⅱ型肺泡细胞构成。

(二)功能

进行气体交换,散发热量和调节体温。

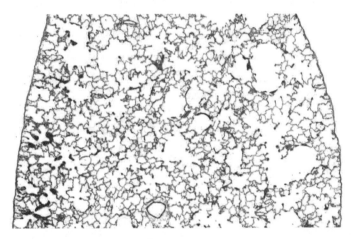

图 5-8 肺 1
(HE 染色 30 倍)

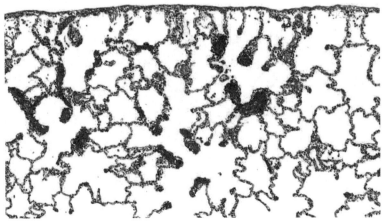

图 5-9 肺 2
(HE 染色 100 倍)

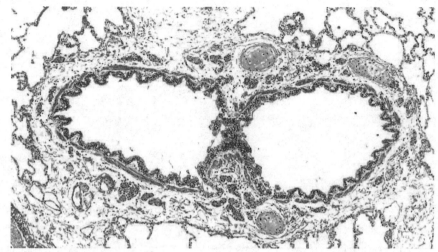

图 5-10　肺 3
（HE 染色　100 倍）

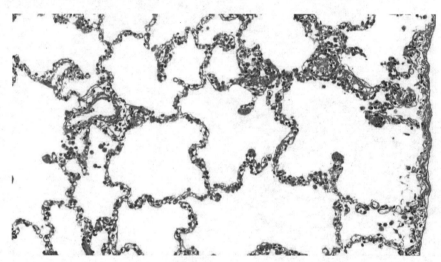

图 5-11　肺 4
（HE 染色　200 倍）

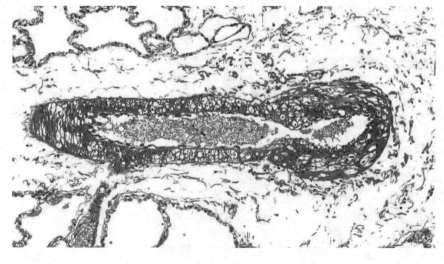

图 5-12　肺 5
（HE 染色　200 倍）

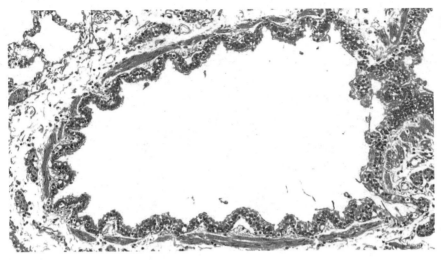

图 5-13　肺 6
（HE 染色　200 倍）

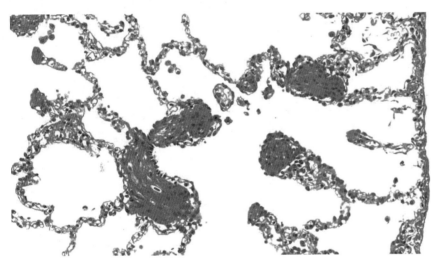

图 5-14　肺 7
（HE 染色　250 倍）

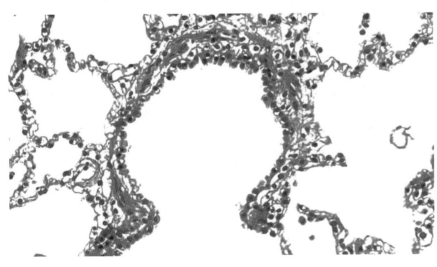

图 5-15　肺 8
（HE 染色　400 倍）

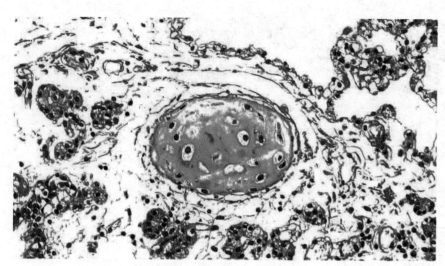

图 5-16　肺 9
（HE 染色　400 倍）

第六章　泌尿系统

羊的泌尿系统由肾、输尿管、膀胱和尿道等器官组成。

一、肾

肾(kidney)表面覆盖结缔组织被膜,浅层为皮质,深层为髓质。

(一)组织结构

1. 被膜与间质

被膜由含有血管、神经、平滑肌和脂肪组织的结缔组织构成。

2. 实质

主要由肾单位和集合管构成。

(1)肾单位

肾单位是肾的基本结构和功能单位,包括肾小体和肾小管。肾小体由血管球和肾小囊构成。血管球由入球微动脉发出分支形成袢状毛细血管,后汇聚形成稍细的出球微动脉。肾小管分为近端小管、细段和远端小管,管壁分别由单层立方上皮细胞、单层扁平细胞和单层立方细胞构成。

(3)集合管

集合管包括皮质集合管、髓质集合管和乳头管3段,管腔较大,上皮细胞分别为立方细胞、柱状细胞和高柱状细胞。细胞边界清晰、染色浅而清亮。

(4)球旁复合体

球旁复合体主要由球旁细胞、致密斑和球外系膜细胞构成。球旁细胞位于入球微动脉近血管极处,呈立方形,体积较大。致密斑是由近肾小体的远端小管的上皮细胞增高变窄形成的椭圆形斑状隆起。

(二)功能

过滤血液;排泄体内代谢废物;维持体液和钠、钾、钙等电解质的平衡,调节血压;最后产生尿液经尿道排出体外。

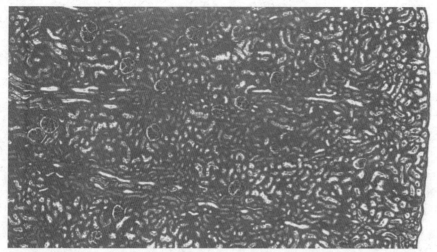

图 6-1　肾 1
（HE 染色　50 倍）

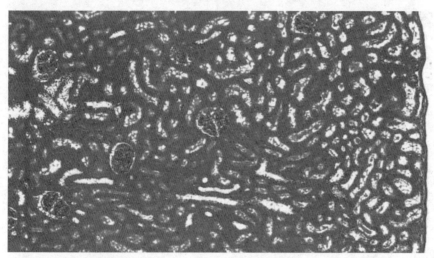

图 6-2　肾 2
（HE 染色　100 倍）

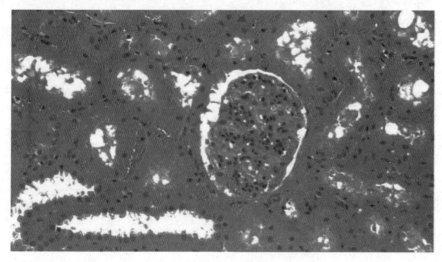

图 6-3　肾 3
（HE 染色　400 倍）

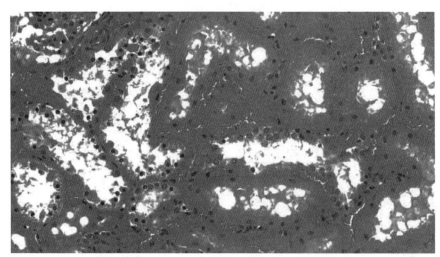

图 6-4 肾 4
（HE 染色 400 倍）

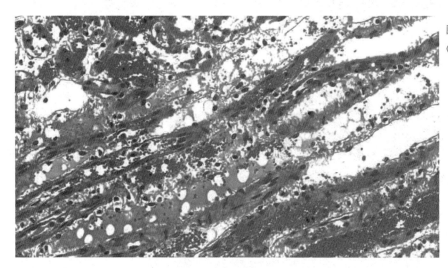

图 6-5 肾 5
（HE 染色 400 倍）

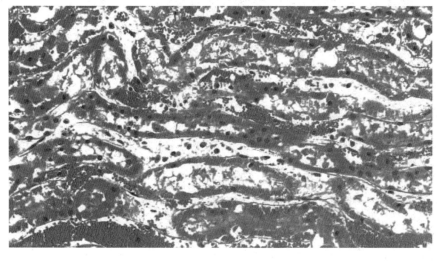

图 6-6 肾 6
（HE 染色 400 倍）

二、输尿管

一对由肾门发出的细长管道，呈扁圆柱状，管壁由内至外由黏膜、肌层和外膜构成。

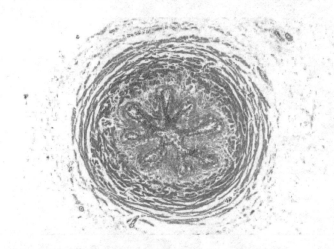

图 6-7　输尿管 1
（HE 染色　70 倍）

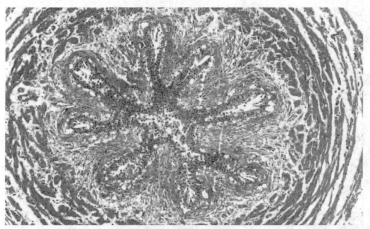

图 6-8　输尿管 2
（HE 染色　150 倍）

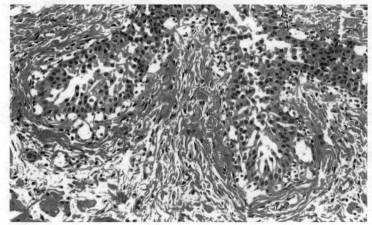

图 6-9　输尿管 3
（HE 染色　400 倍）

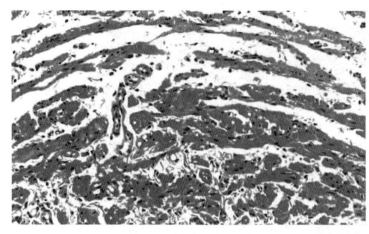

图 6-10 输尿管 4
（HE 染色 400 倍）

三、膀胱

膀胱壁由内向外由黏膜层、肌层和外膜三层组织构成。黏膜由变移上皮和固有层构成；肌层由平滑肌（逼尿肌）构成。

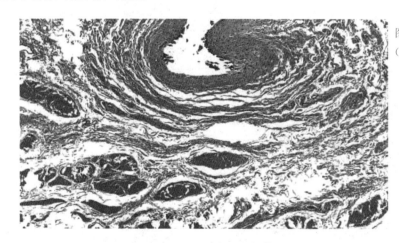

图 6-11 膀胱 1
（HE 染色 100 倍）

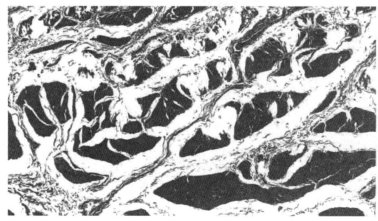

图 6-12 膀胱 2
（HE 染色 100 倍）

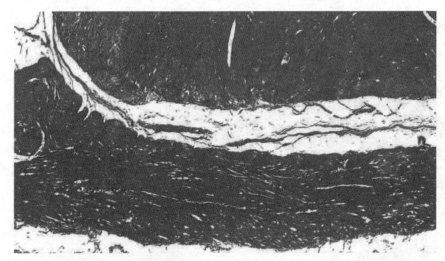

图 6-13　膀胱 3
（HE 染色　100 倍）

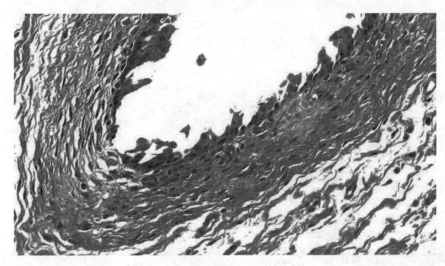

图 6-14　膀胱 4
（HE 染色　400 倍）

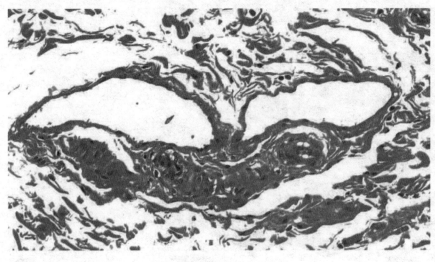

图 6-15　膀胱 5
（HE 染色　400 倍）

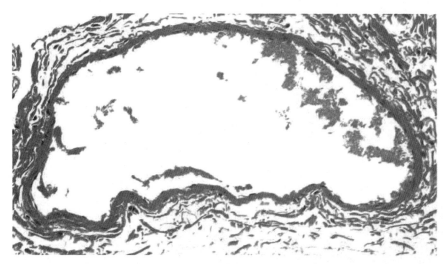

图 6-16 膀胱 6
（HE 染色 400 倍）

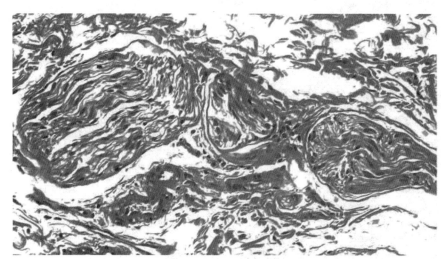

图 6-17 膀胱 7
（HE 染色 400 倍）

图 6-18 膀胱 8
（HE 染色 400 倍）

四、尿道

尿道是从膀胱运送尿液通向体外。尿道壁为黏膜、黏膜下层、肌肉和外膜构成。

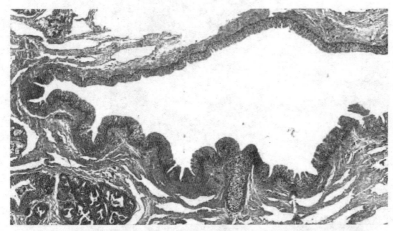

图 6-19　尿道 1
（HE 染色　100 倍）

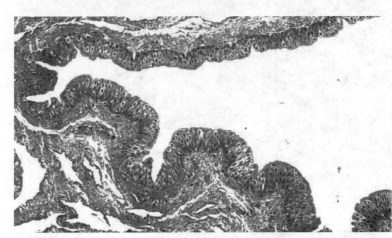

图 6-20　尿道 2
（HE 染色　200 倍）

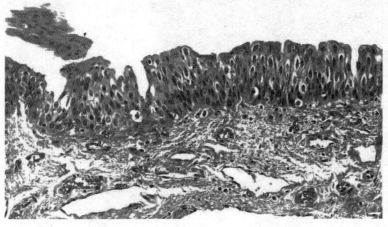

图 6-21　尿道 3
（HE 染色　400 倍）

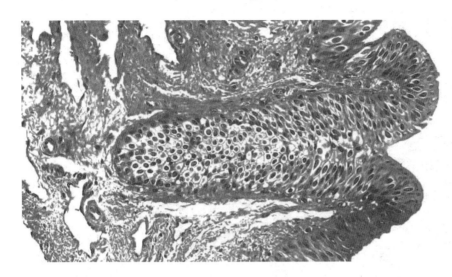

图 6-22 尿道 4
（HE 染色 400 倍）

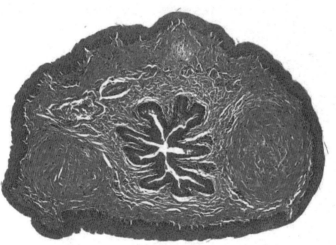

图 6-23 尿道突 1
（HE 染色 100 倍）

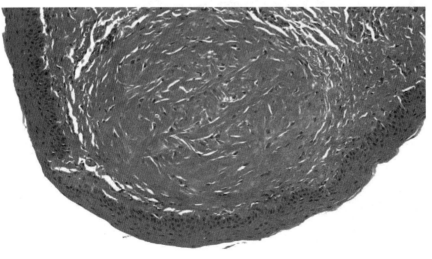

图 6-24 尿道突 2
（HE 染色 250 倍）

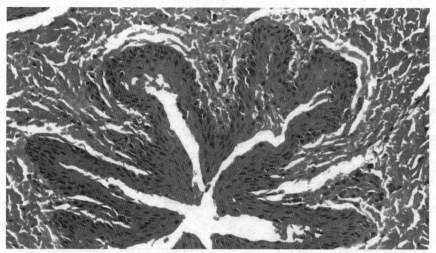

图 6-25　尿道突 3
（HE 染色　400 倍）

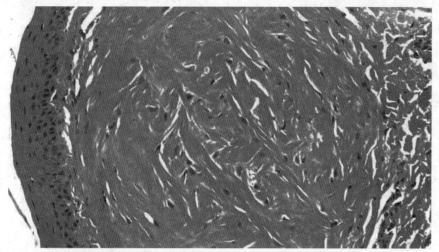

图 6-26　尿道突 4
（HE 染色　400 倍）

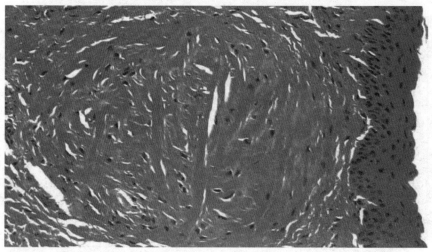

图 6-27　尿道突 5
（HE 染色　400 倍）

第七章　雄性生殖系统

公羊生殖系统主要由睾丸、附睾、输精管、精囊腺、前列腺、尿道球腺、阴茎及包皮等组成。

一、睾丸

(一)组织结构

1.被膜与间质

睾丸表面被覆浆膜和白膜;白膜由致密结缔组织构成,伸入实质形成间质,将实质分隔成许多睾丸小叶。间质组织含有血管、淋巴管、神经和间质细胞。

2.实质

睾丸实质主要包括曲精小管和直精小管。曲精小管的生殖上皮内的生精细胞包括精原细胞、初级精母细胞、次级精母细胞、精子细胞、精子和支持细胞。

(二)功能

睾丸功能为产生、储存精子,分泌雄性激素,维持性征和繁殖功能。

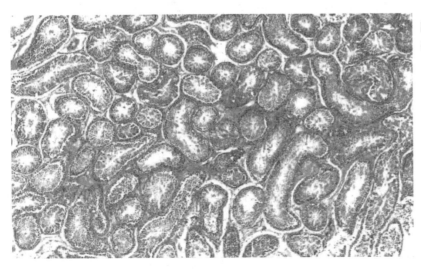

图 7-1　睾丸 1
(HE 染色　50 倍)

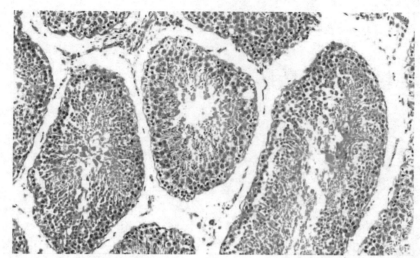

图 7-2　睾丸 2
（HE 染色　200 倍）

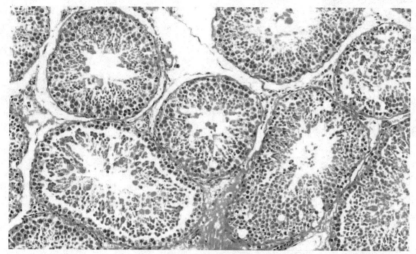

图 7-3　睾丸 3
（HE 染色　200 倍）

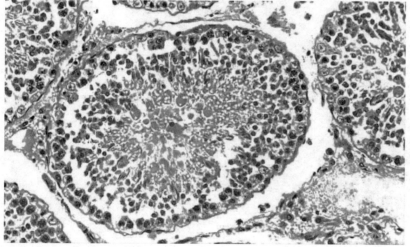

图 7-4　睾丸 4
（HE 染色　400 倍）

二、附睾

附睾附着于睾丸的附睾缘,连接睾丸和输精管,包括附睾头、附睾体和附睾尾。附睾管上皮为假复层纤毛柱状上皮,由纤毛细胞和基细胞构成。

附睾功能为贮存精子;分泌激素、酶和营养物质,使精子成熟;运输精子。

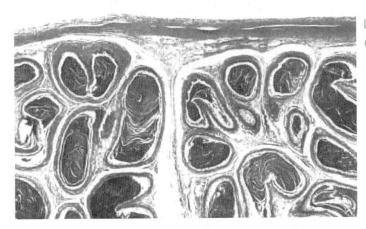

图 7-5　附睾头 1
（HE 染色　30 倍）

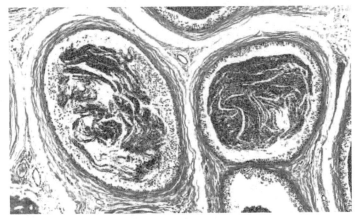

图 7-6　附睾头 2
（HE 染色　100 倍）

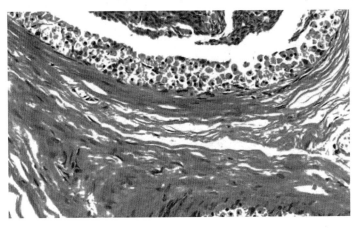

图 7-7　附睾头 3
（HE 染色　400 倍）

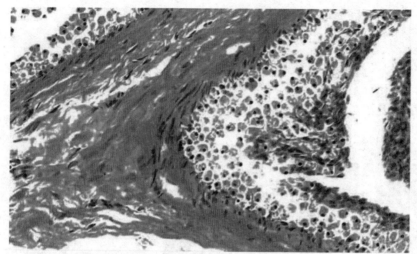

图 7-8 附睾头 4
（HE 染色 400 倍）

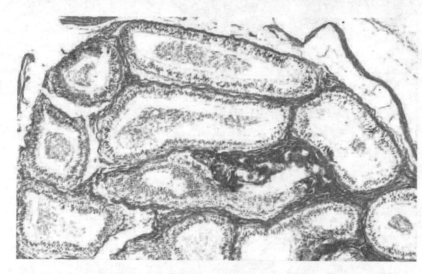

图 7-9 附睾体 1
（HE 染色 100 倍）

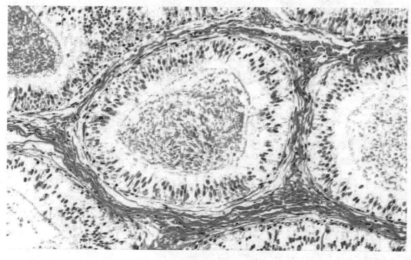

图 7-10 附睾体 2
（HE 染色 300 倍）

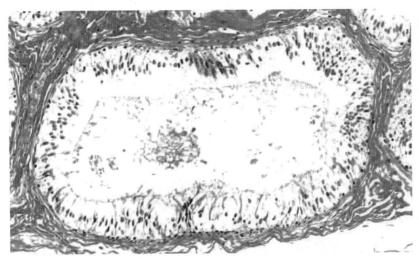

图 7-11 附睾体 3
（HE 染色 300 倍）

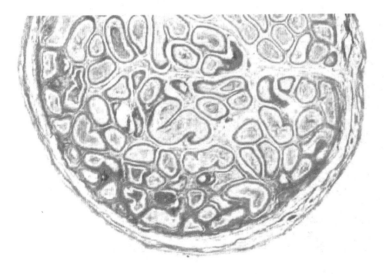

图 7-12 附睾尾 1
（HE 染色 20 倍）

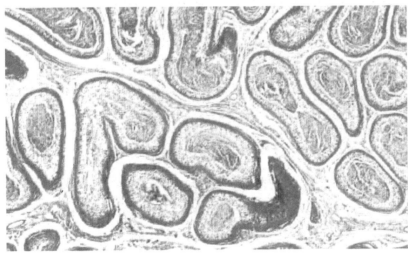

图 7-13 附睾尾 2
（HE 染色 50 倍）

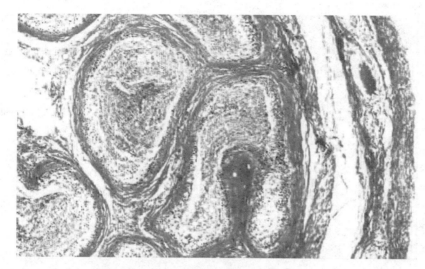

图 7-14　附睾尾 3
（HE 染色　100 倍）

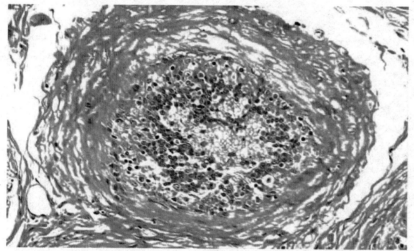

图 7-15　附睾尾 4
（HE 染色　400 倍）

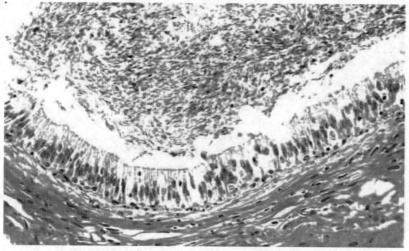

图 7-16　附睾尾 5
（HE 染色　400 倍）

三、输精管

输精管前端由附睾尾发出,后端开口于尿生殖道。管壁由黏膜、较厚的肌层和外膜构成;黏膜上皮为假复层纤毛柱状上皮,肌层包括内纵、中环和外纵平滑肌。功能为运输精子。

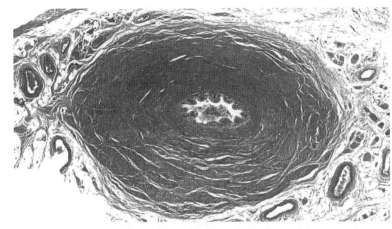

图 7-17 输精管 1
(HE 染色 50 倍)

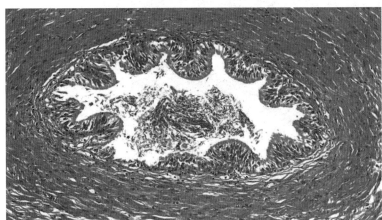

图 7-18 输精管 2
(HE 染色 200 倍)

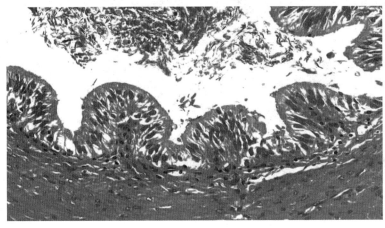

图 7-19 输精管 3
(HE 染色 400 倍)

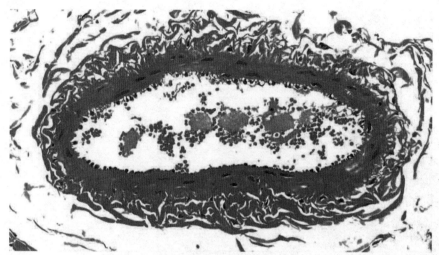

图 7-20　输精管血管
1（HE 染色　400 倍）

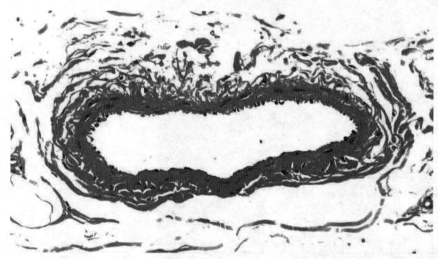

图 7-21　输精管血管
2（HE 染色　400 倍）

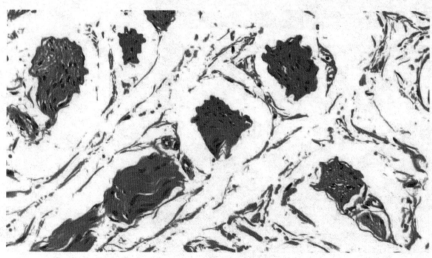

图 7-22　输精管神经
（HE 染色　400 倍）

四、副性腺

副性腺包括精囊腺、前列腺和尿道球腺。

精囊腺有一对，为长椭圆形的分支管泡状腺；腺泡上皮内分泌细胞呈立方形、柱形或扁平形，细胞核呈圆形；基底部分布有干细胞。

前列腺为单个的分支管泡状腺，腺泡上皮为单层扁平、立方、单层柱状或假复层柱状上皮。

尿道球腺有一对，为复管泡状腺，腺泡上皮为单层柱状上皮。

副性腺分泌果糖、氨基酸、纤维蛋白原、抗坏血酸、蛋白分解酶、纤维蛋白分解酶及胰液凝乳蛋白酶等营养物质，营养精子，参与形成精液。

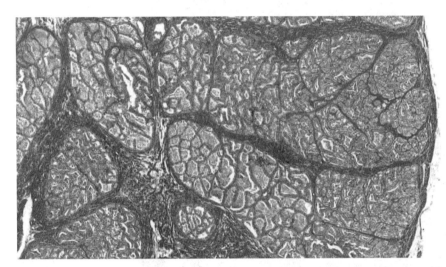

图 7-23 精囊腺 1
（HE 染色 25 倍）

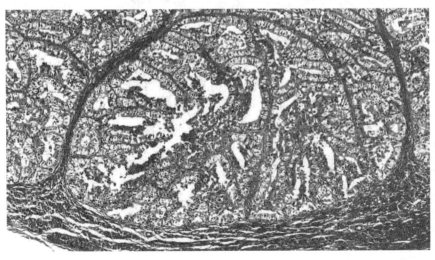

图 7-24 精囊腺 2
（HE 染色 100 倍）

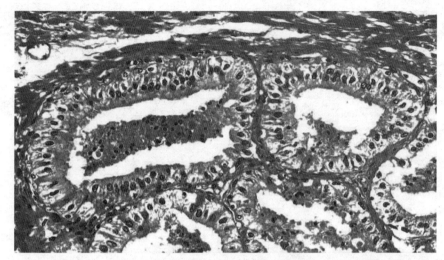

图 7-25　精囊腺 3
（HE 染色　400 倍）

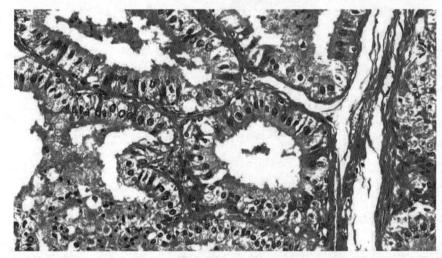

图 7-26　精囊腺 4
（HE 染色　400 倍）

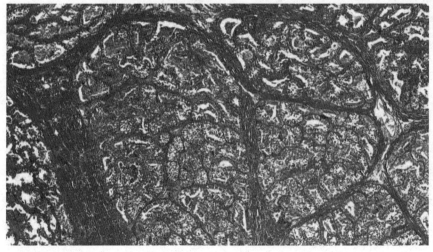

图 7-27　前列腺 1
（HE 染色　50 倍）

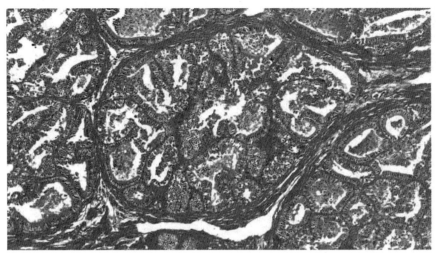

图 7-28　前列腺 2
（HE 染色　100 倍）

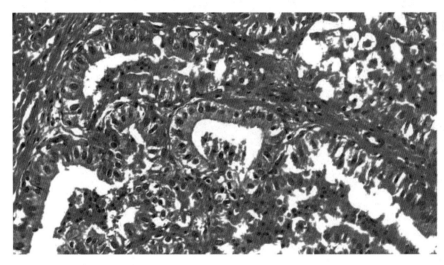

图 7-29　前列腺 3
（HE 染色　400 倍）

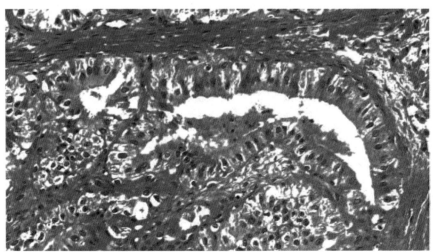

图 7-30　前列腺 4
（HE 染色　400 倍）

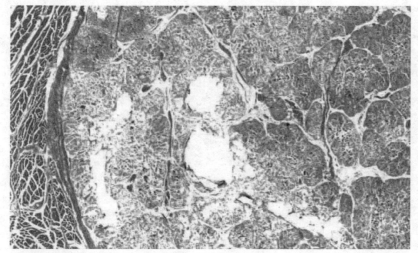

图 7-31　尿道球腺 1
（HE 染色　50 倍）

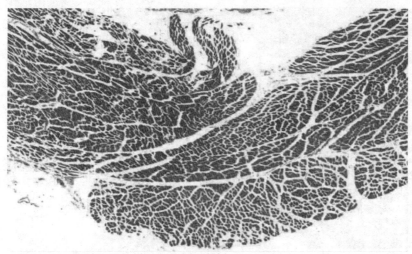

图 7-32　尿道球腺 2
（HE 染色　50 倍）

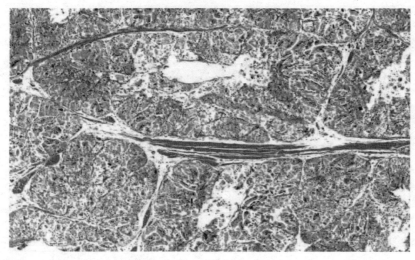

图 7-33　尿道球腺 3
（HE 染色　100 倍）

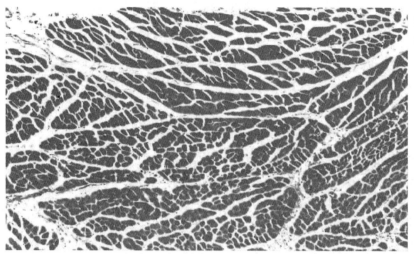

图 7-34　尿道球腺 4
（HE 染色　100 倍）

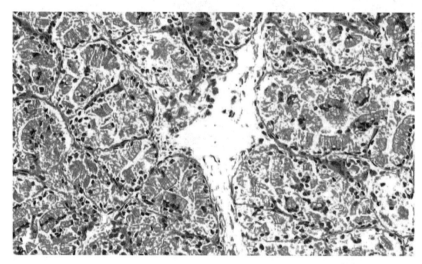

图 7-35　尿道球腺 5
（HE 染色　400 倍）

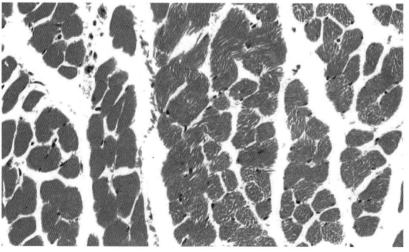

图 7-36　尿道球腺 6
（HE 染色　400 倍）

五、精索

精索有一对,位于腹股沟管深环至睾丸上端,呈圆索状,内有睾丸动脉、静脉、输精管、淋巴管、神经、睾提肌及其被覆的筋膜等结构。精索的功能是为睾丸、附睾、输精管提供血液供应、淋巴回流和神经支配。

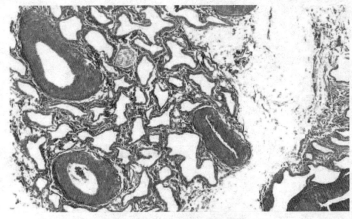

图 7-37 精索 1
(HE 染色 50 倍)

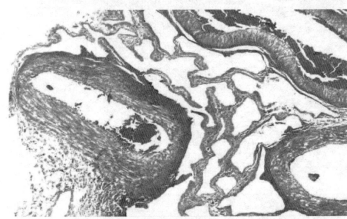

图 7-38 精索 2
(HE 染色 50 倍)

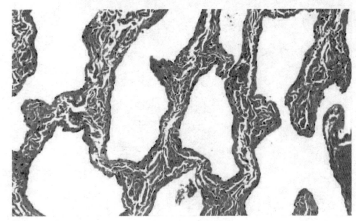

图 7-39 精索 3
(HE 染色 200 倍)

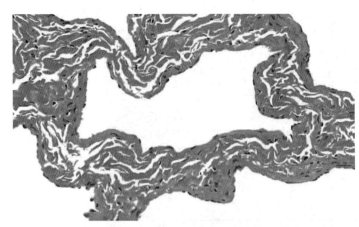

图 7-40 精索 4
（HE 染色 400 倍）

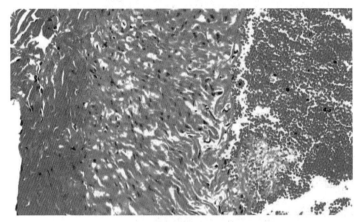

图 7-41 精索 5
（HE 染色 400 倍）

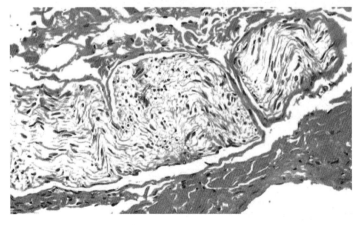

图 7-42 精索神经
（HE 染色 400 倍）

六、阴茎

　　阴茎为交配器官，包括阴茎体和阴茎头。外包皮肤，阴茎表面为外膜，内部有 2 个阴茎海绵体和 1 个尿道海绵体。海绵体外表面为致密的白膜，内部由结缔组织和平滑肌构成海绵状支架，支架内的腔隙与血管相通，形成勃起组织。

图 7-43 阴茎 1
（HE 染色 50 倍）

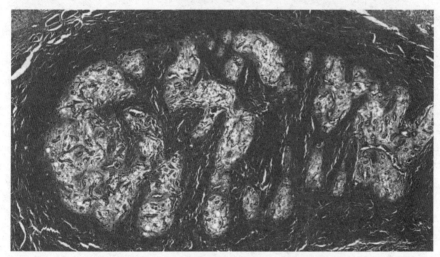

图 7-44 阴茎 2
（HE 染色 50 倍）

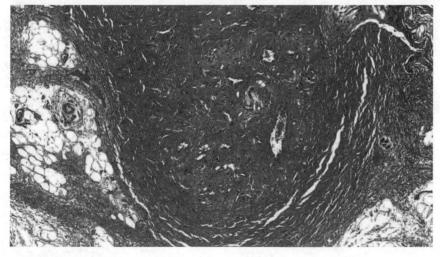

图 7-45 阴茎 3
（HE 染色 100 倍）

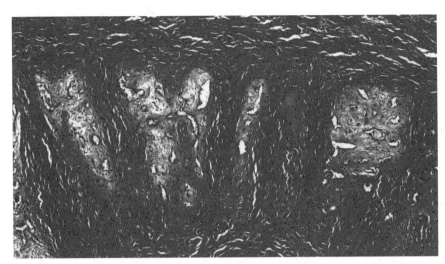

图 7-46 阴茎 4
（HE 染色 100 倍）

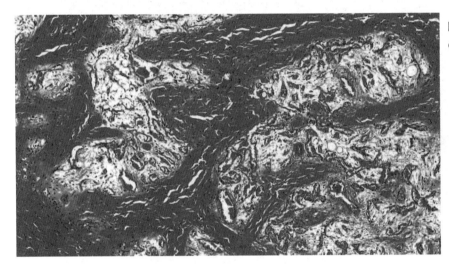

图 7-47 阴茎 5
（HE 染色 100 倍）

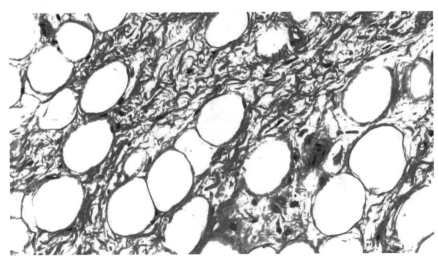

图 7-48 阴茎 6
（HE 染色 400 倍）

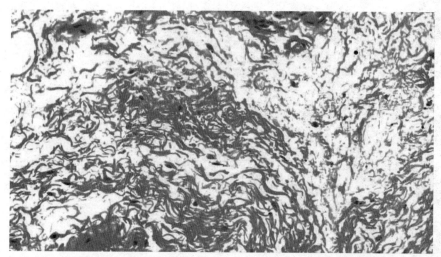

图 7-49　阴茎 7
（HE 染色　400 倍）

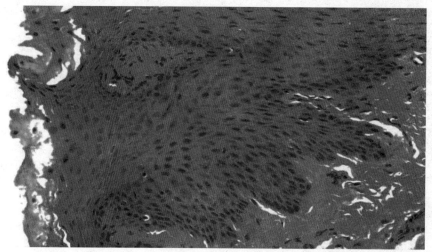

图 7-50　阴茎 8
（HE 染色　400 倍）

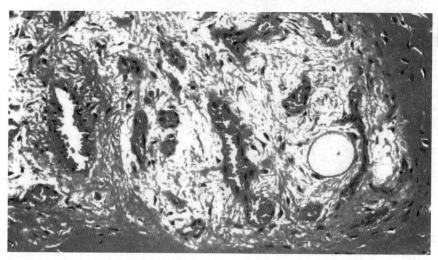

图 7-51　阴茎 9
（HE 染色　400 倍）

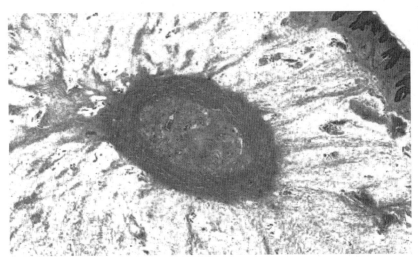

图 7-52 阴茎头 1
（HE 染色 50 倍）

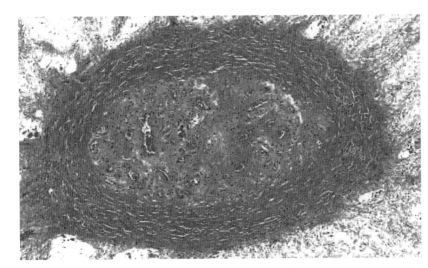

图 7-53 阴茎头 2
（HE 染色 100 倍）

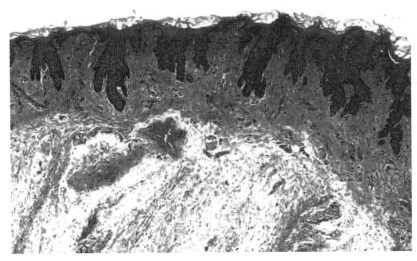

图 7-54 阴茎头 3
（HE 染色 100 倍）

图 7-55　阴茎头 4
（HE 染色　100 倍）

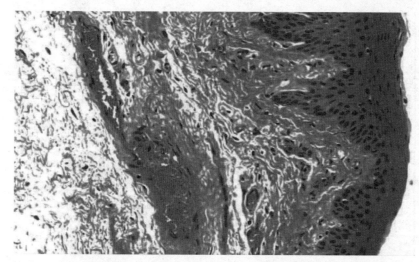

图 7-56　阴茎头 5
（HE 染色　400 倍）

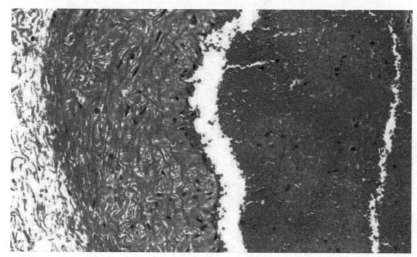

图 7-57　阴茎头 6
（HE 染色　400 倍）

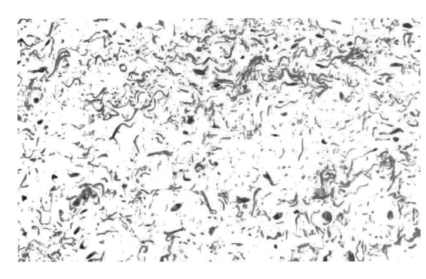

图 7-58 阴茎头 7
（HE 染色 400 倍）

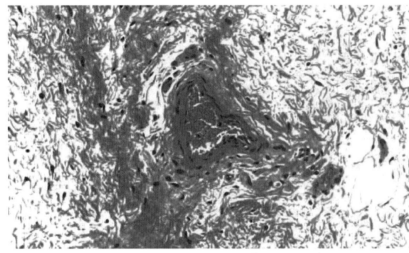

图 7-59 阴茎头 8
（HE 染色 400 倍）

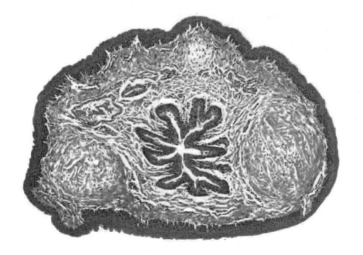

图 7-60 阴茎突 1
（HE 染色 100 倍）

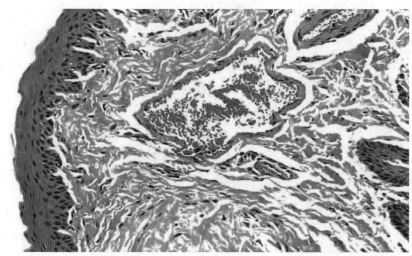

图 7-61　阴茎突 2
（HE 染色　300 倍）

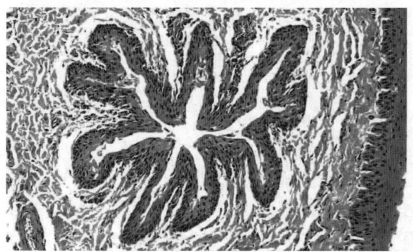

图 7-62　阴茎突 3
（HE 染色　400 倍）

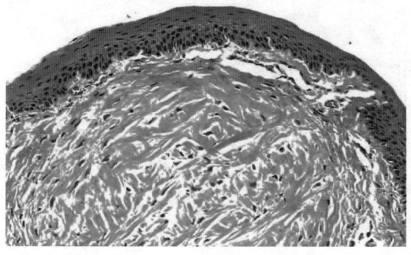

图 7-63　阴茎突 4
（HE 染色　400 倍）

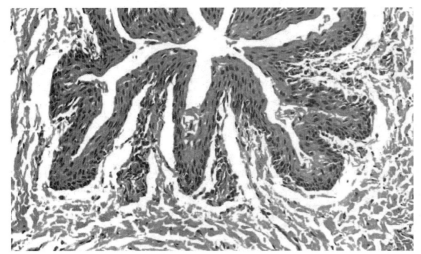

图 7-64 阴茎突 5
（HE 染色 400 倍）

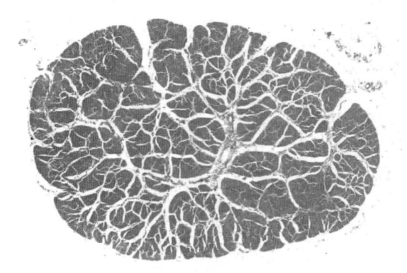

图 7-65 阴茎缩肌 1
（HE 染色 70 倍）

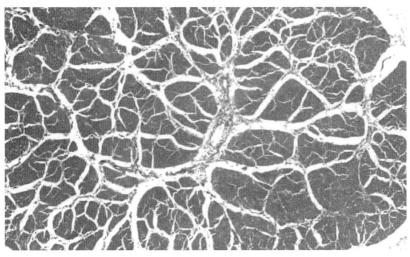

图 7-66 阴茎缩肌 2
（HE 染色 100 倍）

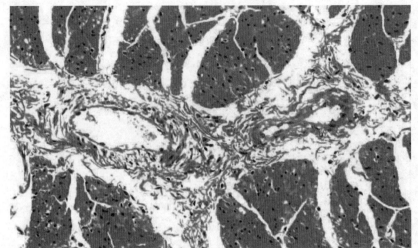

图 7-67　阴茎缩肌 3
（HE 染色　400 倍）

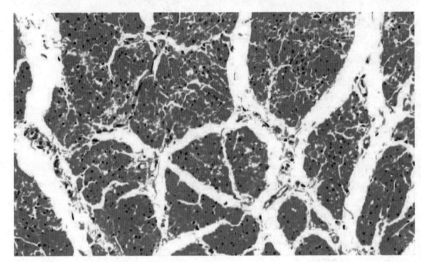

图 7-68　阴茎缩肌 4
（HE 染色　400 倍）

第八章 雌性生殖系统

母羊的生殖系统主要由卵巢、输卵管、子宫、阴道及阴门等器官组成。

一、卵巢

(一)组织结构

1. 被膜与间质

卵巢被膜由单层表面上皮和致密结缔组织白膜构成。白膜深入实质形成间质。

2. 实质

实质包括浅层的皮质和深层的髓质。

皮质分布有原始卵泡、初级卵泡、次级卵泡、成熟卵泡、闭锁卵泡和间质。

髓质为含有血管、淋巴管、神经、纤维及免疫细胞的疏松结缔组织。

(二)功能

卵巢的功能为产生卵细胞,分泌雌激素和孕激素,维持性征和繁殖功能。

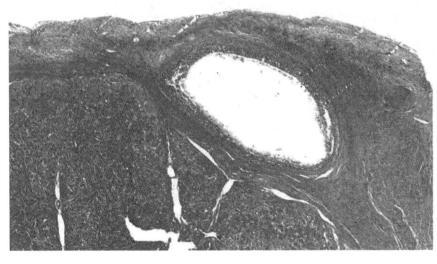

图 8-1　卵巢 1
(HE 染色　50 倍)

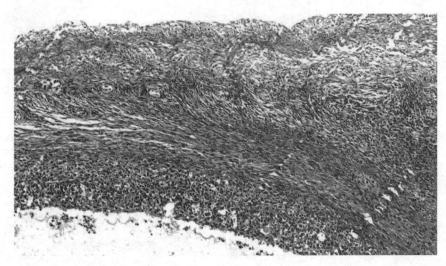

图 8-2　卵巢 2
（HE 染色　200 倍）

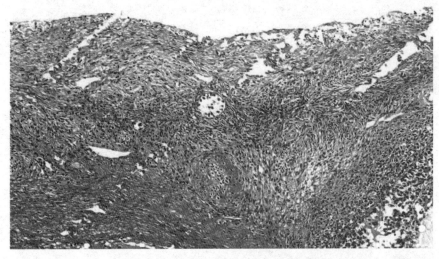

图 8-3　卵巢 3
（HE 染色　200 倍）

二、输卵管

输卵管有一对，分为漏斗部、壶腹部和峡部三段。管壁由内至外分为黏膜、肌层和外膜（浆膜）三层。

黏膜被膜形成发达的纵行皱襞；上皮由分泌细胞和纤毛细胞形成单层柱状上皮；肌层包括内环行、外纵行和斜行平滑肌。

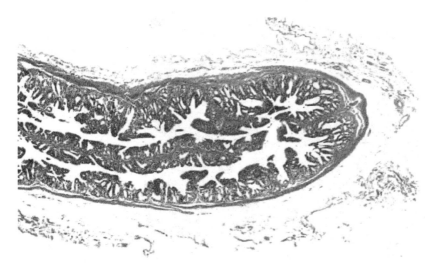

图 8-4　输卵管 1
（HE 染色　50 倍）

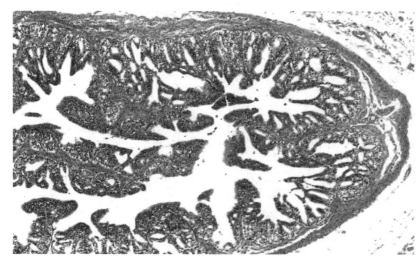

图 8-5　输卵管 2
（HE 染色　100 倍）

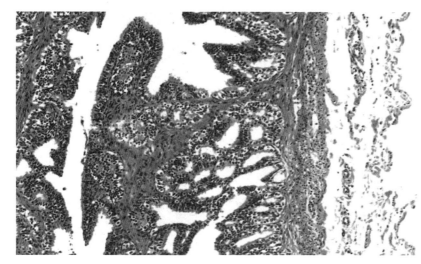

图 8-6　输卵管 3
（HE 染色　200 倍）

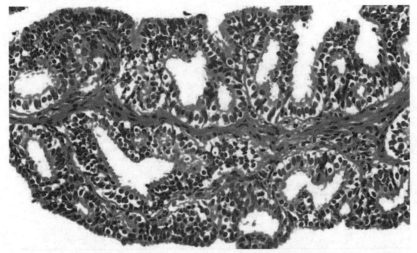

图 8-7　输卵管 4
（HE 染色　400 倍）

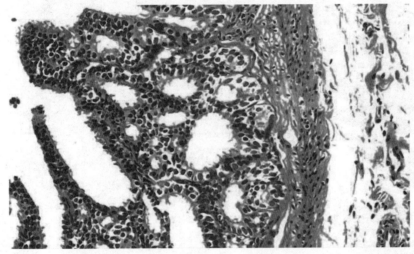

图 8-8　输卵管 5
（HE 染色　400 倍）

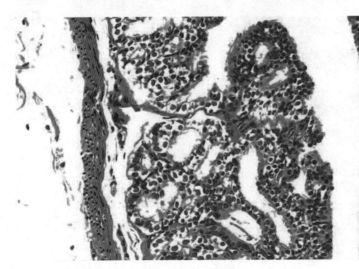

图 8-9　输卵管 6
（HE 染色　400 倍）

三、子宫

子宫为梨形中空肌质器官，包括子宫角、子宫体和子宫颈。壁较厚，由内膜（黏膜）、肌层和外膜构三层成。

黏膜主要由单层柱状上皮和固有层构成。固有层子宫腺、基质细胞和血管发达；羊的固有层深层形成圆形的子宫肉阜。肌层为内环和外纵两层平滑肌，外膜为浆膜。

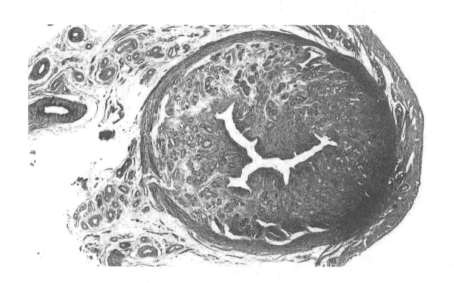

图 8-10　子宫 1
（HE 染色　30 倍）

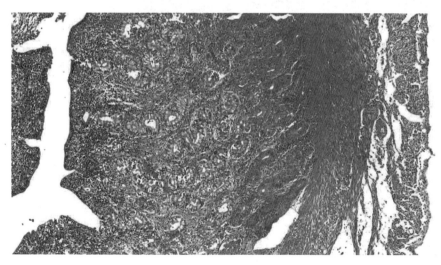

图 8-11　子宫 2
（HE 染色　100 倍）

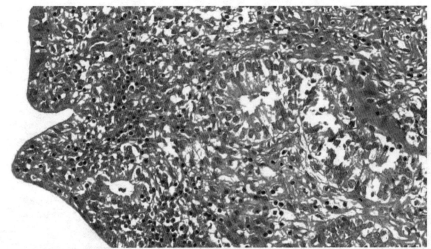

图 8-12　子宫黏膜
（HE 染色　200 倍）

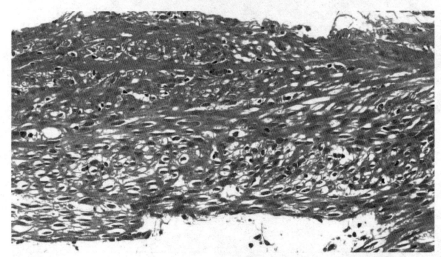

图 8-13　子宫肌层
（HE 染色　200 倍）

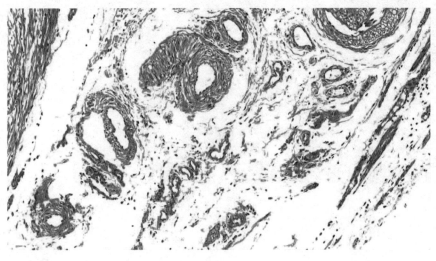

图 8-14　子宫血管 1
（HE 染色　400 倍）

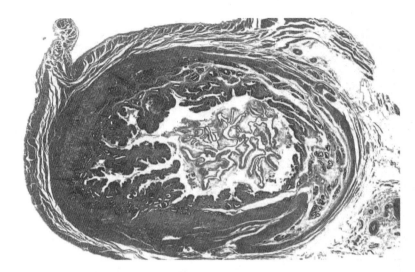

图 8-15 子宫血管 2
（HE 染色 400 倍）

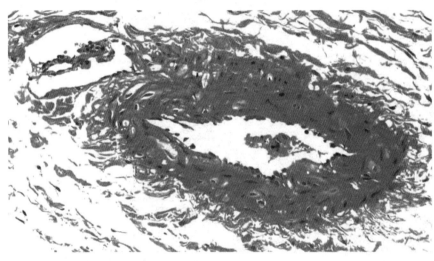

图 8-16 子宫角 1
（HE 染色 400 倍）

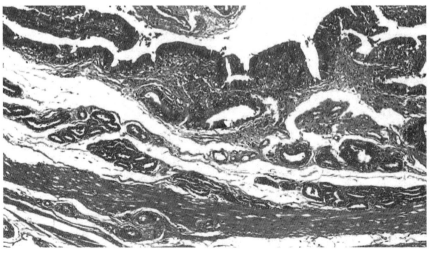

图 8-17 子宫角 2
（HE 染色 400 倍）

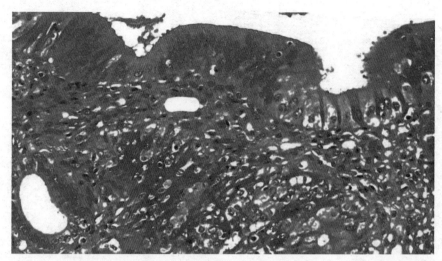

图 8-18　子宫角黏膜
1（HE 染色　400 倍）

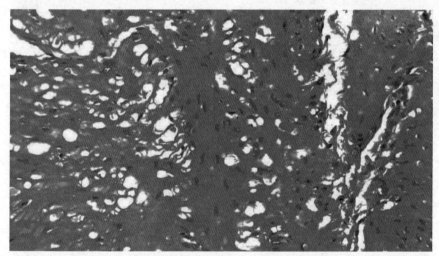

图 8-19　子宫角黏膜
2（HE 染色　400 倍）

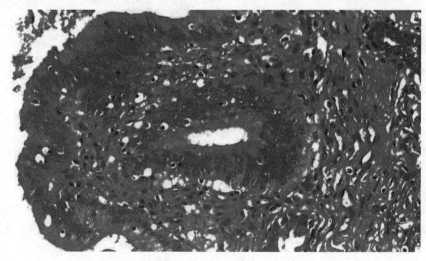

图 8-20　子宫角黏膜
3（HE 染色　400 倍）

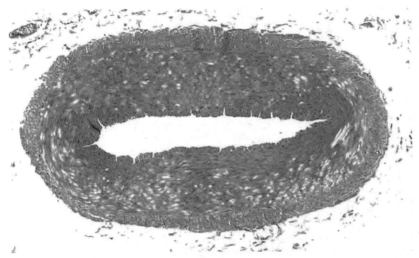

图 8-21　子宫动脉 1
（HE 染色　100 倍）

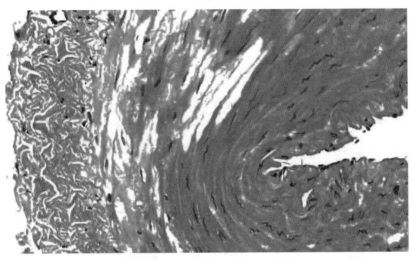

图 8-22　子宫动脉 2
（HE 染色　200 倍）

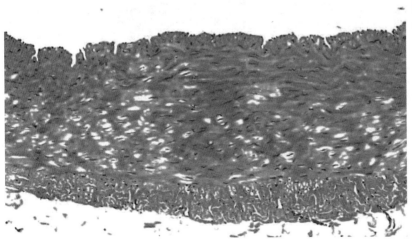

图 8-23　子宫动脉 3
（HE 染色　400 倍）

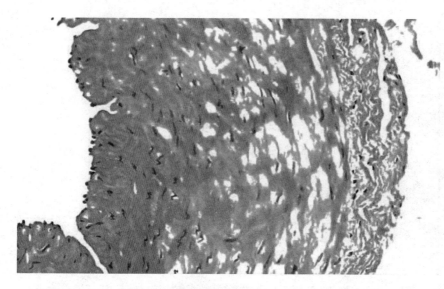

图 8-24　子宫动脉 4
（HE 染色　400 倍）

四、阴道

　　阴道为位于子宫和阴门之间的管道结构，是母羊的交配器官和产道。由黏膜、肌层和外膜构成。黏膜形成发达的皱襞，上皮为未角化的复层扁平上皮，固有层分布有较多的毛细血管和弹性纤维。肌层为内环和外纵平滑肌，阴道外口的肌层为括约肌。外膜为浆膜。

　　阴道末端的皮肤裂隙形成阴门，为阴道外口。

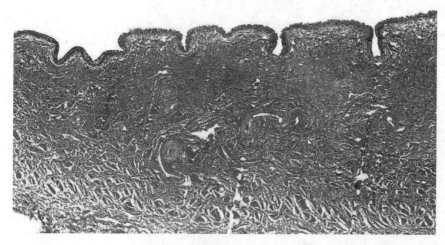

图 8-25　阴道 1
（HE 染色　50 倍）

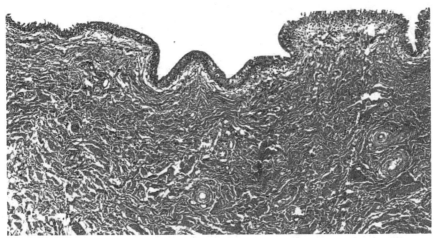

图 8-26　阴道 2
（HE 染色　100 倍）

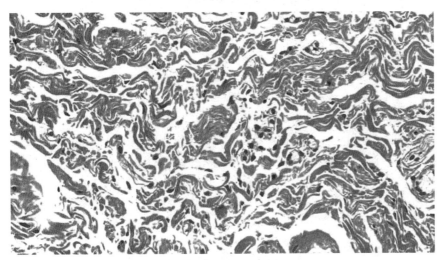

图 8-27　阴道 3
（HE 染色　400 倍）

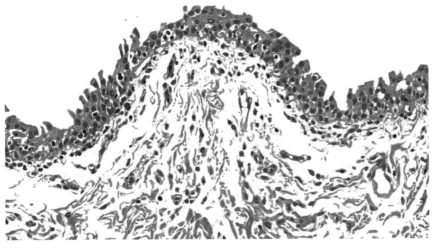

图 8-28　阴道 4
（HE 染色　400 倍）

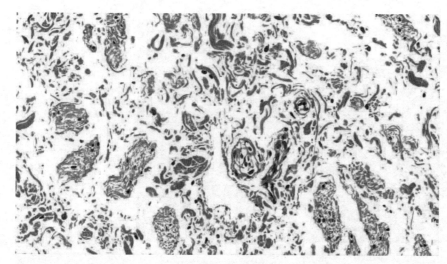

图 8-29　阴道 5
（HE 染色　400 倍）

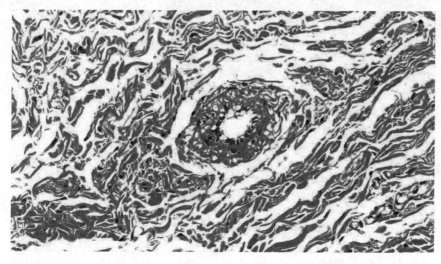

图 8-30　阴道 6
（HE 染色　400 倍）

第九章 心血管系统

心血管系统由心脏、动脉、毛细血管和静脉组成，是封闭的血液循环管道系统。

一、心脏

心脏为泵血的真空肌质的动力器官，呈倒立圆锥形，分为左心房、左心室、右心房和右心室四个腔。

（一）组织结构

心壁包括心内膜、心肌膜和心外膜三层组织。心内膜由单层扁平内皮、内皮下层和外膜构成；心肌膜包括内纵行、中环行和外斜行三层；心外膜为浆膜。

心脏内有位于左房室口的二尖瓣、右房室口的三尖瓣和主动脉口与肺动脉口的动脉瓣，阻止血液逆流。

（二）功能

心脏功能为送血液到全身各器官与局部组织，提供营养和氧气，并运输二氧化碳和代谢产物。

图 9-1 左心房 1
（HE 染色 50 倍）

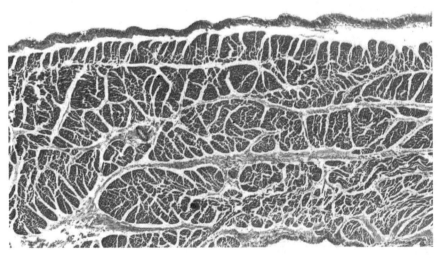

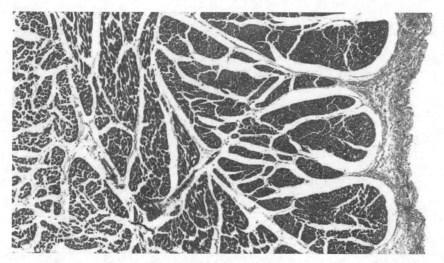

图 9-2　左心房 2
（HE 染色　100 倍）

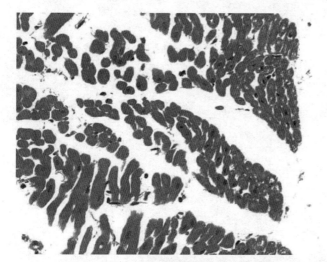

图 9-3　左心房 3
（HE 染色　400 倍）

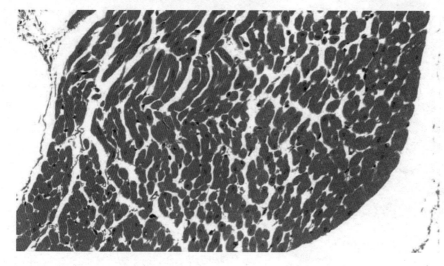

图 9-4　左心房 4
（HE 染色　400 倍）

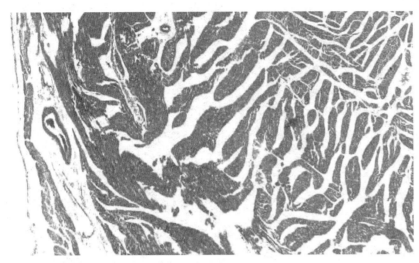

图 9-5　左心室 1
（HE 染色　40 倍）

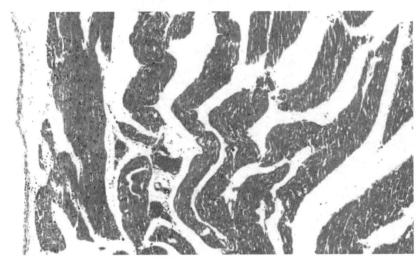

图 9-6　左心室 2
（HE 染色　100 倍）

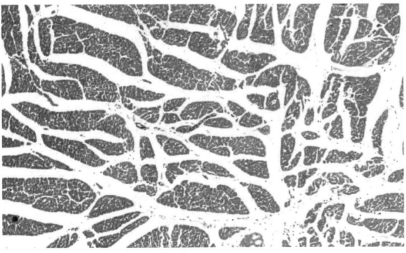

图 9-7　左心室 3
（HE 染色　100 倍）

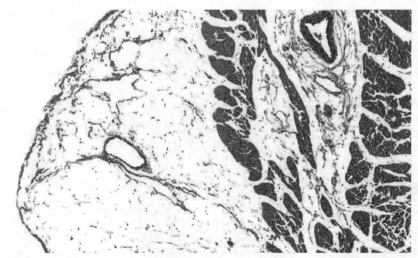

图 9-8　左心室 4
（HE 染色　100 倍）

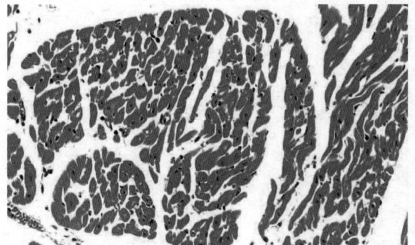

图 9-9　左心室 5
（HE 染色　400 倍）

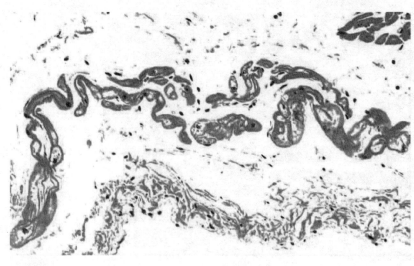

图 9-10　左心室 6
（HE 染色　400 倍）

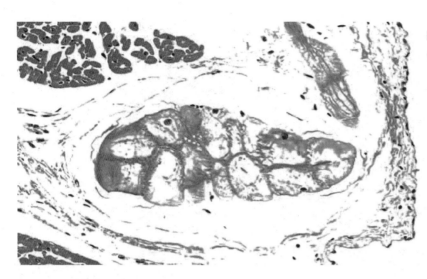

图 9-11 左心室 7
（HE 染色 400 倍）

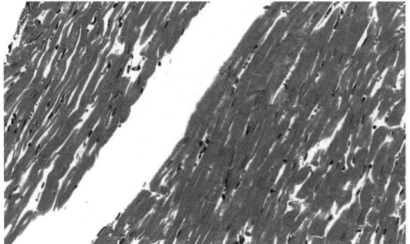

图 9-12 左心室 8
（HE 染色 400 倍）

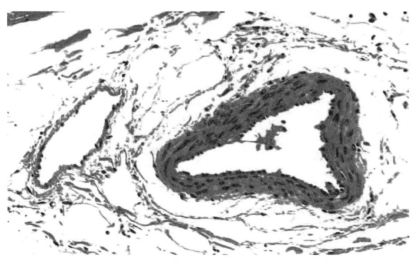

图 9-13 左心室壁血
管（HE 染色 400
倍）

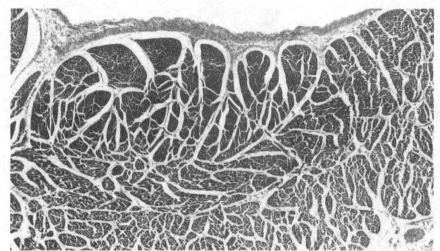

图 9-14　右心房 1
（HE 染色　50 倍）

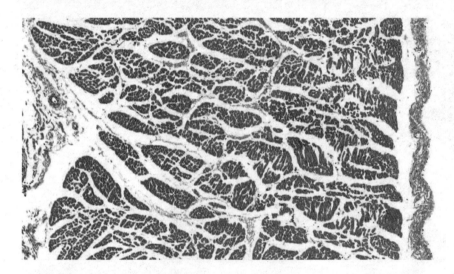

图 9-15　右心房 2
（HE 染色　100 倍）

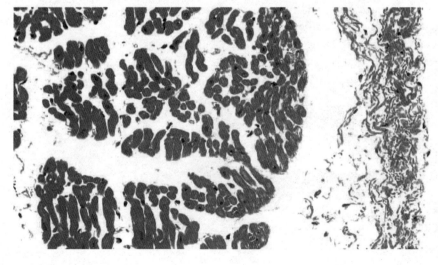

图 9-16　右心房 3
（HE 染色　400 倍）

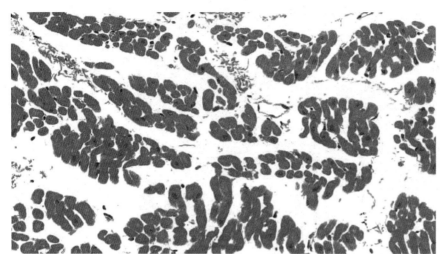

图 9-17　右心房 4
（HE 染色　400 倍）

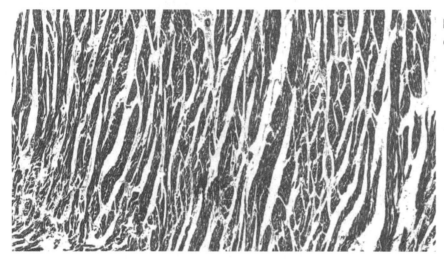

图 9-18　右心室 1
（HE 染色　50 倍）

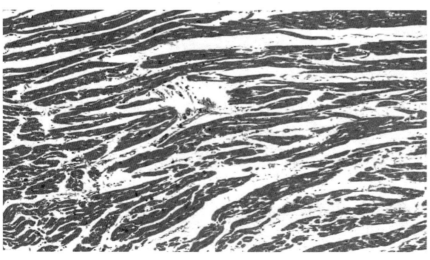

图 9-19　右心室 2
（HE 染色　100 倍）

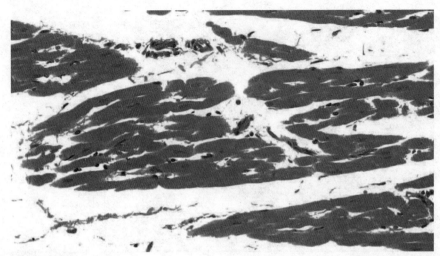

图 9-20　右心室 3
（HE 染色　400 倍）

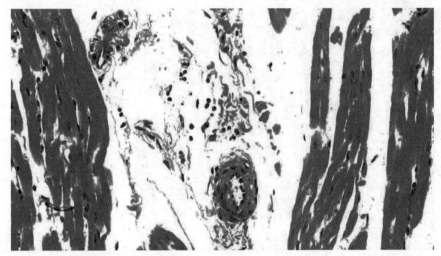

图 9-21　右心室 4
（HE 染色　400 倍）

图 9-22　右心室 5
（HE 染色　400 倍）

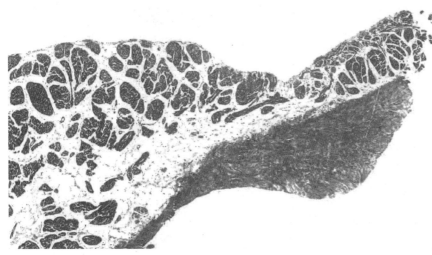

图 9-23 二尖瓣 1
（HE 染色 50 倍）

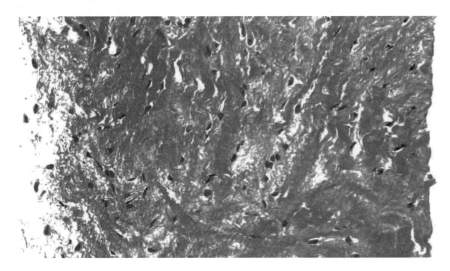

图 9-24 二尖瓣 2
（HE 染色 400 倍）

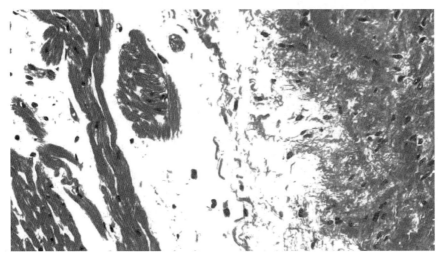

图 9-25 二尖瓣 3
（HE 染色 400 倍）

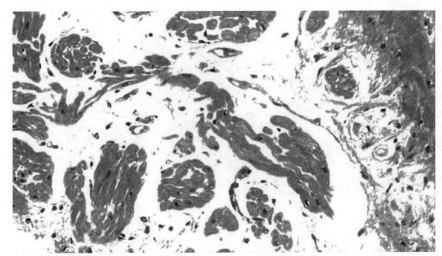

图 9-26　二尖瓣 4
（HE 染色　400 倍）

图 9-27　隔缘肉柱 1
（HE 染色　50 倍）

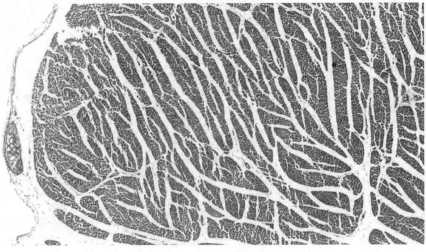

图 9-28　隔缘肉柱 2
（HE 染色　100 倍）

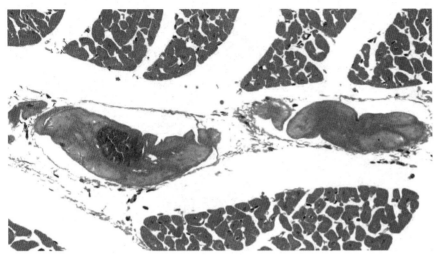

图 9-29　隔缘肉柱 3
（HE 染色　400 倍）

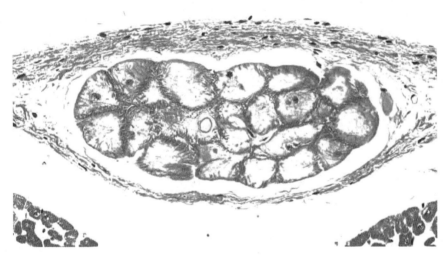

图 9-30　隔缘肉柱 4
（HE 染色　400 倍）

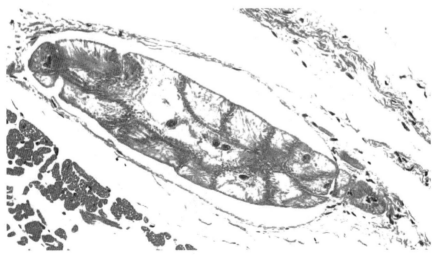

图 9-31　隔缘肉柱 5
（HE 染色　400 倍）

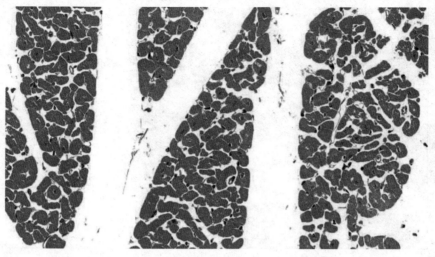

图 9-32　隔缘肉柱 6
（HE 染色　400 倍）

二、动脉

动脉是由心室发出，根据管径大小分为大、中、小、微动脉。

（一）组织结构

动脉管壁由内膜、中膜和外膜构成，富含平滑肌和弹力纤维，所以管壁较厚。内膜包括单层扁平内皮和内皮下层；中膜包括发达的平滑肌细胞、弹性膜和弹性纤维；外膜为结缔组织被膜，含有胶原纤维、营养性小血管、淋巴管和神经。

（二）功能

接收心脏输送的血液，促使血液流动，调节局部血流量，维持和调节血压。

图 9-33　颈动脉 1
（HE 染色　15 倍）

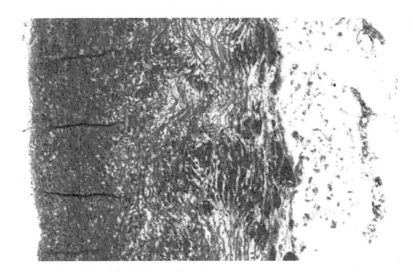

图 9-34　颈动脉 2
（HE 染色　100 倍）

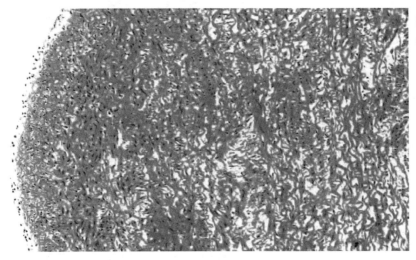

图 9-35　颈动脉 3
（HE 染色　200 倍）

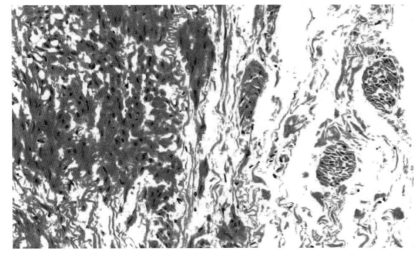

图 9-36　颈动脉 4
（HE 染色　400 倍）

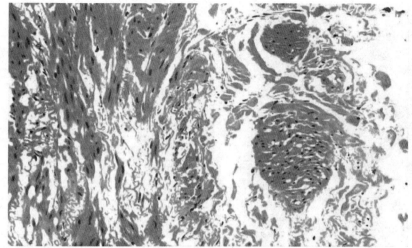

图 9-37　颈动脉 5
（HE 染色　400 倍）

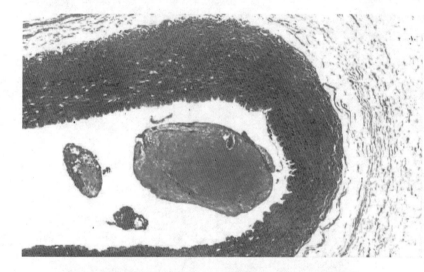

图 9-38　髂动脉 1
（HE 染色　400 倍）

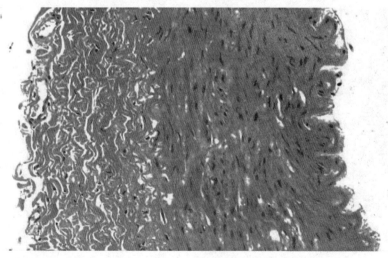

图 9-39　髂动脉 2
（HE 染色　400 倍）

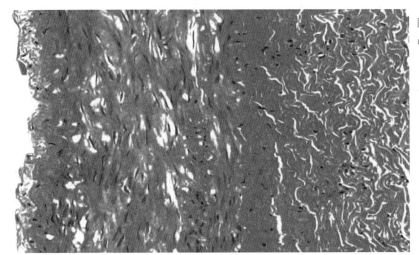

图 9-40　髂动脉 3
（HE 染色　400 倍）

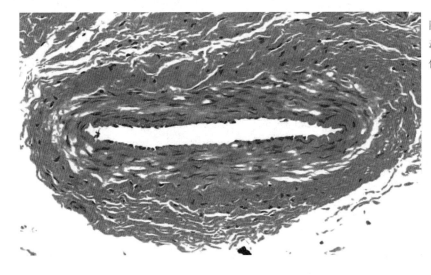

图 9-41　髂动脉壁内
动脉（HE 染色　400
倍）

三、毛细血管

毛细血管管径最细，位于微动脉和微静脉之间；分为连续毛细血管、有孔毛细血管和窦状
毛细血管。

（一）组织结构

管壁主要由单层扁平内皮细胞、基膜和周细胞构成。

1.连续毛细血管

连续毛细血管分布于肌组织、胸腺及肺等部位。内皮细胞相连续、有紧密连接和完整的基膜,无窗孔,胞质无核处分布有丰富的吞饮小泡,利于物质交换。

2.有孔毛细血管

有孔毛细血管分布于胃肠黏膜、内分泌腺及肾小体等部位。内皮细胞分布有大量由隔膜封闭的窗孔,通透性大。

3.窦状毛细血管

窦状毛细血管分布于肝、脾及骨髓等部位,又称血窦。内皮由长杆状内皮细胞构成,窗孔较多,间隙较大,管腔大而不规则,因此通透性较大。

(二)功能

为血液与周围组织进行物质交换。

四、静脉

(一)组织结构

管壁由内膜、中膜和外膜构成。

内膜由单层扁平上皮细胞构成,中膜由稀疏的环行平滑肌构成,外膜为浆膜。

(二)功能

静脉起自局部组织的毛细血管,收集血液流回心房。

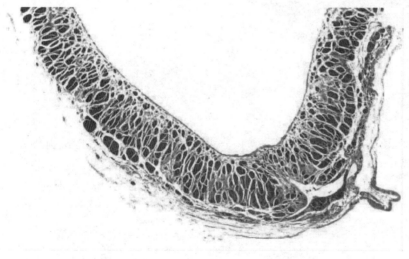

图 9-42 后腔静脉 1
(HE 染色 20 倍)

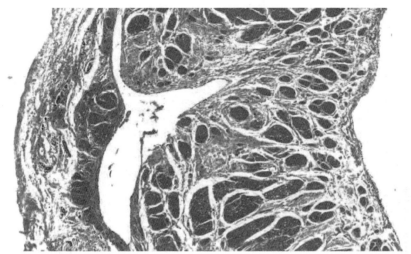

图 9-43　后腔静脉 2
（HE 染色　70 倍）

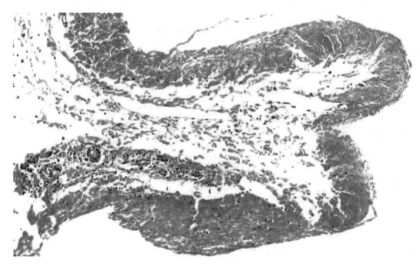

图 9-44　后腔静脉 3
（HE 染色　200 倍）

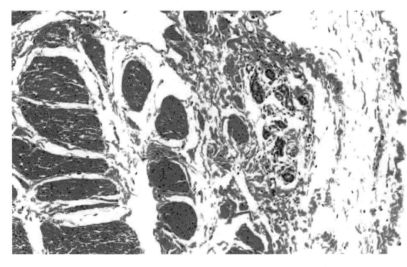

图 9-45　后腔静脉 4
（HE 染色　200 倍）

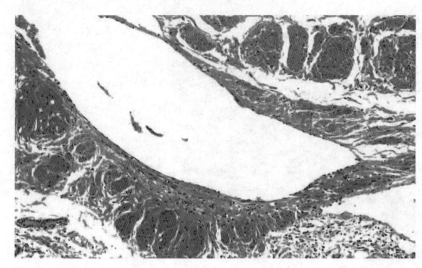

图 9-46　后腔静脉 5
（HE 染色　200 倍）

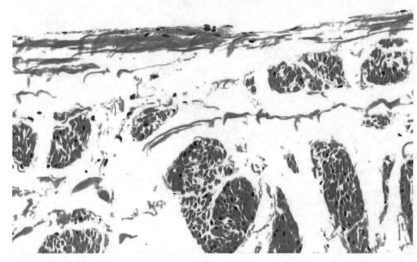

图 9-47　后腔静脉 6
（HE 染色　400 倍）

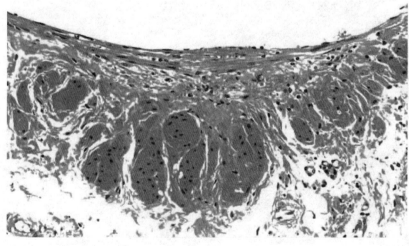

图 9-48　后腔静脉 7
（HE 染色　400 倍）

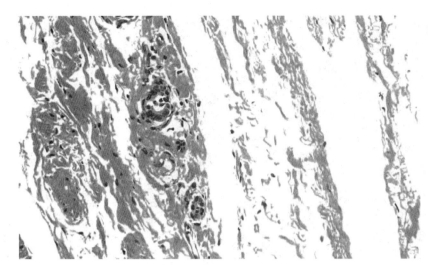

图 9-49　后腔静脉 8
（HE 染色　400 倍）

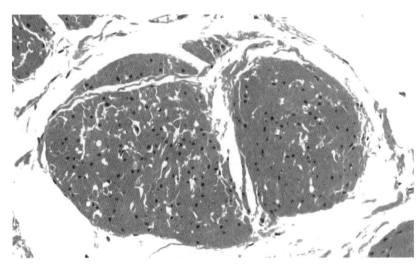

图 9-50　后腔静脉 9
（HE 染色　400 倍）

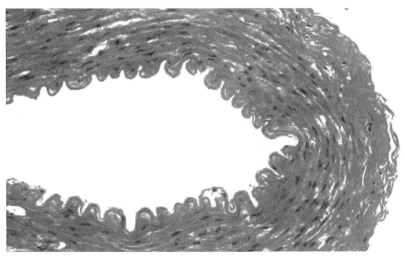

图 9-51　后腔静脉壁
内神经（HE 染色
400 倍）

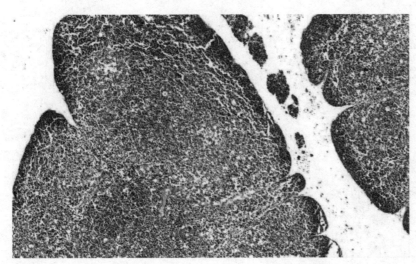

图 9-52　髂静脉
（HE 染色　400 倍）

第十章 免疫系统

羊的免疫系统包括免疫细胞、淋巴组织、免疫器官和免疫活性物质。

免疫细胞包括巨噬细胞、淋巴细胞、单核细胞、浆细胞、粒细胞及肥大细胞等。淋巴组织由网状组织和免疫细胞构成。免疫器官分为中枢免疫器官和外周免疫器官;中枢免疫器官包括胸腺和骨髓;外周免疫器官包括扁桃体、脾脏、淋巴结和肠壁内的集合淋巴小结。免疫活性物质是由免疫细胞或其他细胞产生的发挥免疫作用的物质,如淋巴因子、抗体、溶菌酶、补体及白细胞介素等。

一、胸腺

位于颈胸部;呈红色或粉红色,为 T 淋巴细胞增殖、分化的场所。

(一)组织结构

1.被膜与间质

表面被覆结缔组织被膜,深入实质将实质分隔成许多界限不清的腺小叶。

2.实质

实质分为浅层的皮质和深层的髓质。

皮质主要由淋巴细胞、胸腺上皮细胞、巨噬细胞、胸腺细胞(T 淋巴细胞)等构成。

髓质主要由上皮细胞、巨噬细胞、T 淋巴细胞、交错突细胞和胸腺小体等构成。胸腺小体由细胞核退化的胸腺上皮细胞呈同心圆排列形成。

(二)功能

产生 T 淋巴细胞,合成和分泌胸腺素、胸腺生成素及胸腺肽等。

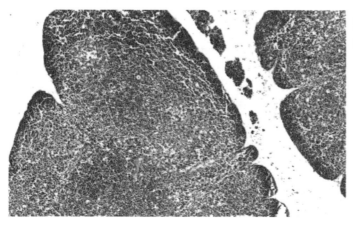

图 10-1 胸腺 1
(HE 染色 100 倍)

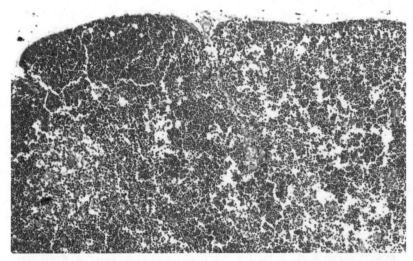

图 10-2　胸腺 2
（HE 染色　200 倍）

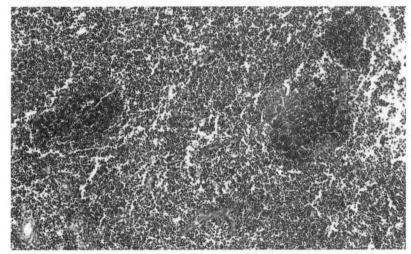

图 10-3　胸腺 3
（HE 染色　200 倍）

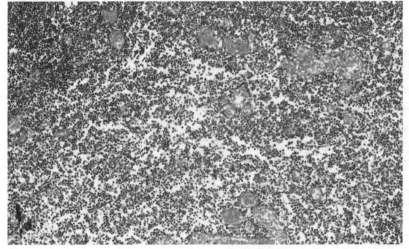

图 10-4　胸腺 4
（HE 染色　200 倍）

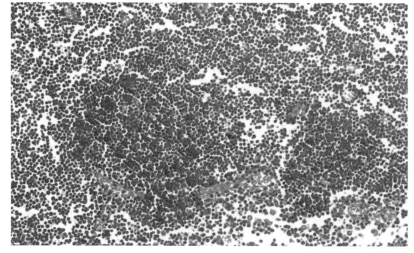

图 10-5　胸腺 5
（HE 染色　400 倍）

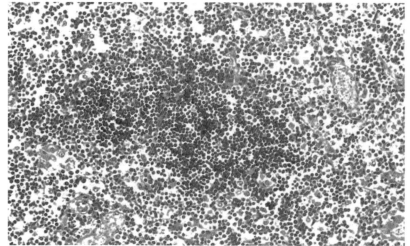

图 10-6　胸腺 6
（HE 染色　400 倍）

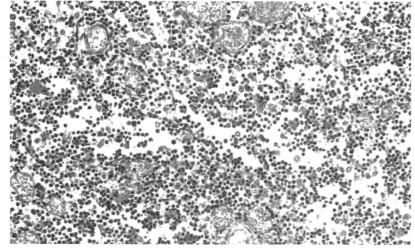

图 10-7　胸腺 7
（HE 染色　400 倍）

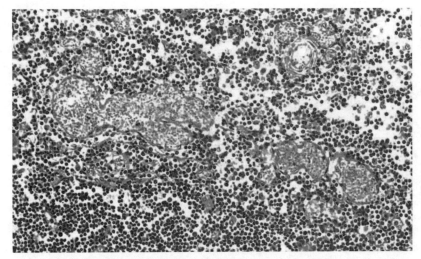

图 10-8　胸腺 8
（HE 染色　400 倍）

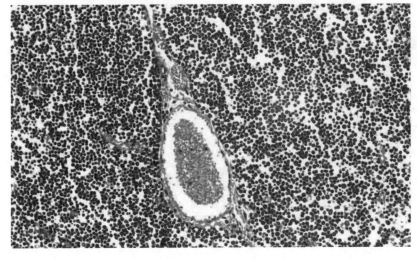

图 10-9　胸腺 9
（HE 染色　400 倍）

二、脾

羊脾脏呈钝三角形、紫红色。

(一)组织结构

1.被膜与小梁

脾表面被覆致密结缔组织被膜,伸入实质形成小梁,内分布有动脉和静脉。

2.实质

脾实质由白髓、红髓和边缘区构成。

白髓包括脾小结和动脉周围淋巴鞘。脾小结为脾内的淋巴小结,分为明区、暗区和帽区,B 淋巴细胞较多,中心部位为生发中心。动脉周围淋巴鞘由弥散淋巴组织围绕中央动脉形成,含有丰富的 T 淋巴细胞、少量巨噬细胞和交错突细胞。

红髓由脾索和脾窦构成。脾索由大量 T 细胞、B 细胞及巨噬细胞等构成条索状或团块状;脾窦为形态不规则的腔隙,由长杆状内皮细胞围成,基膜不完整,通透性大。

边缘区为白髓与红髓交界处的狭窄区域,含有 B 淋巴细胞、T 淋巴细胞和巨噬细胞、浆细胞及血细胞。

(二)功能

脾脏功能为造血、滤血、储血,对侵入的细菌、病毒及寄生虫等产生免疫应答。

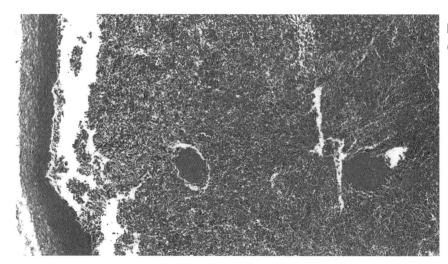

图 10-10 脾 1
(HE 染色 100 倍)

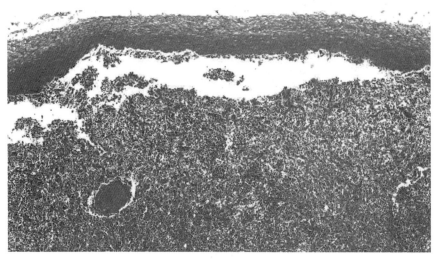

图 10-11 脾 2
(HE 染色 100 倍)

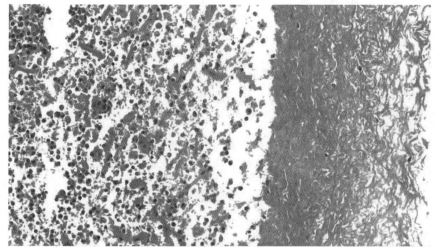

图 10-12　脾 3
（HE 染色　400 倍）

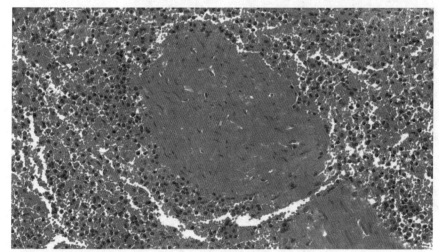

图 10-13　脾 4
（HE 染色　400 倍）

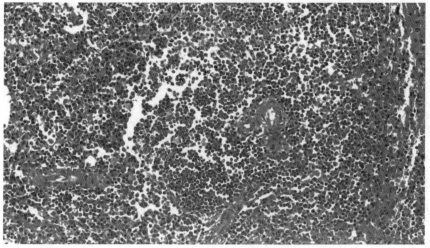

图 10-14　脾 5
（HE 染色　400 倍）

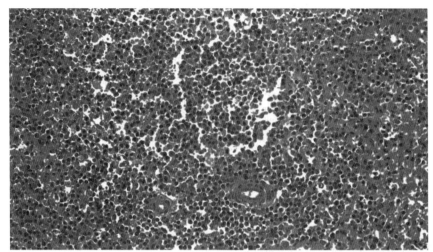

图 10-15　脾 6
（HE 染色　400 倍）

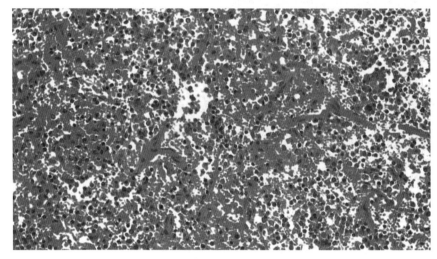

图 10-16　脾 7
（HE 染色　400 倍）

三、淋巴结

分布广泛，大小不一，呈球形、卵圆形、肾形或不规则形。

（一）组织结构

1. 被膜与小梁

结缔组织被膜伸入实质内后分支形成小梁。

2. 实质

实质包括浅层的皮质和深层的髓质。

皮质主要由淋巴小结和弥散淋巴组织构成,含有大量 B 细胞和少量巨噬细胞、T 细胞和滤泡状树突细胞。深层皮质为富含 T 细胞的弥散淋巴组织。

髓质位于淋巴结深层,由髓索和髓窦构成。髓索含有 B 淋巴细胞、T 淋巴细胞、浆细胞、肥大细胞及巨噬细胞等,成条索状、团块状淋巴组织。髓窦为位于髓索之间、形态不规则、宽大的窦性腔隙。

(二)功能

产生淋巴细胞、滤过淋巴,参与免疫应答。

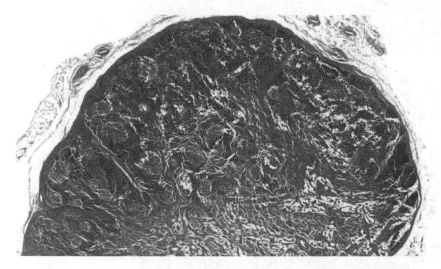

图 10-17　腹股沟淋巴结 1(HE 染色　30 倍)

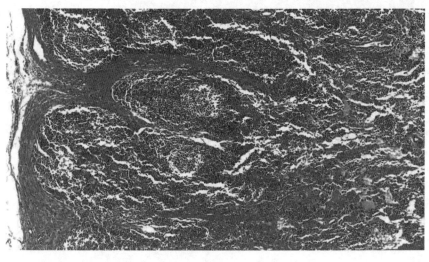

图 10-18　腹股沟淋巴结 2(HE 染色 100 倍)

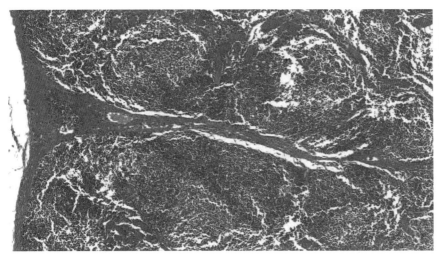

图 10-19 腹股沟淋巴结 3（HE 染色 100 倍）

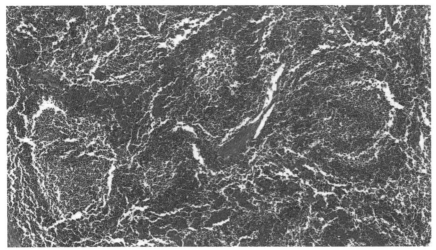

图 10-20 腹股沟淋巴结 4（HE 染色 100 倍）

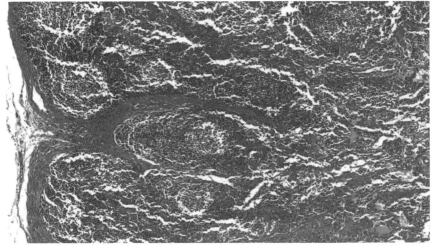

图 10-21 腹股沟淋巴结 5（HE 染色 100 倍）

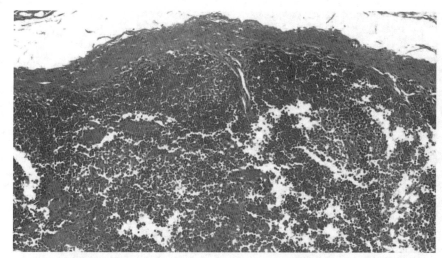

图 10-22　腹股沟淋巴结 6（HE 染色 400 倍）

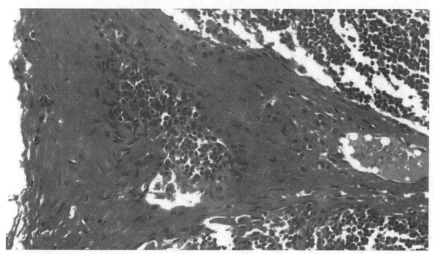

图 10-23　腹股沟淋巴结 7（HE 染色 400 倍）

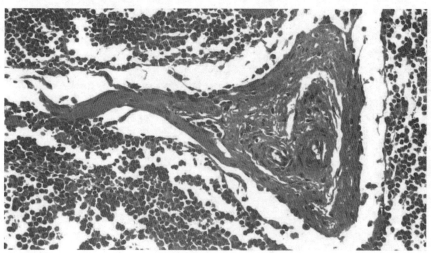

图 10-24　腹股沟淋巴结 8（HE 染色 400 倍）

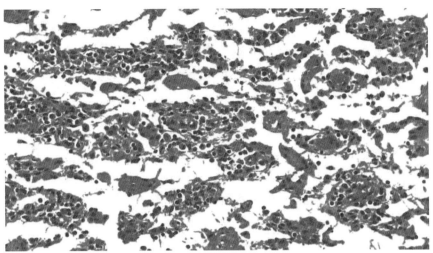

图 10-25　腹股沟淋巴结 9（HE 染色 400 倍）

第十一章　神经系统

羊的神经系统由神经组织构成,包括中枢神经系统和周围神经系统。

中枢神经系统包括脑和脊髓;周围神经系统包括脑神经、脊神经和自主神经。脑神经由脑发出,共 12 对;脊神经由脊髓发出,共 37 对;神经包括交感神经和副交感神经。

神经组织主要由神经细胞和神经胶质细胞构成。神经细胞是神经系统结构和功能的基本单位。神经胶质细胞数量为神经元的数十倍,对神经元起支持、营养及绝缘作用。

一、脑

脑位于颅腔内,是高级神经中枢。脑分为嗅球、大脑、间脑、中脑、脑桥、延髓、小脑;中脑、脑桥和延髓形成脑干。

(一)大脑

大脑包括两个半球。皮质主要由神经元构成,位于半球浅层,新鲜时呈暗灰色,又称灰质;大脑半球深层的髓质主要由神经纤维构成,新鲜时呈白色,又称白质。

皮质通常由表及里分为 6 层,分别是分子层、外颗粒层、内颗粒层、外锥体细胞层、内锥体细胞层和多形细胞层。

分子层的神经元主要为水平细胞和星形细胞;外颗粒层的神经元为星形细胞和少量锥体细胞;内颗粒层有大量星形细胞;外锥体细胞层的神经元为中型锥体细胞;内锥体细胞层含有大、中型锥体细胞;多形细胞层主要为梭形细胞、锥体细胞和星形细胞。

(二)小脑

浅层为皮质,又称灰质;深层为髓质,又称白质。

小脑皮质由表及里分为分子层、蒲肯野细胞层和颗粒层。

分子层位于皮质浅层,较厚,主要由大量无髓神经纤维和少量神经元构成。蒲肯野细胞层位于分子层深处,由一层排列规则的胞体大的梨形蒲肯野细胞构成。颗粒层位于蒲肯野细胞层深处,由颗粒细胞和高尔基细胞构成。脑内神经元胞体聚集形成的灰质团块状称为神经核。

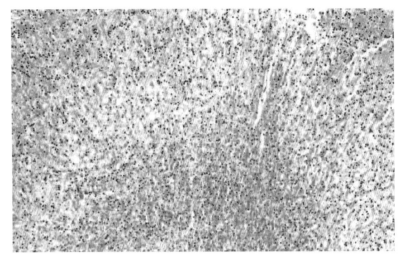

图 11-1　嗅脑 1
（HE 染色　100 倍）

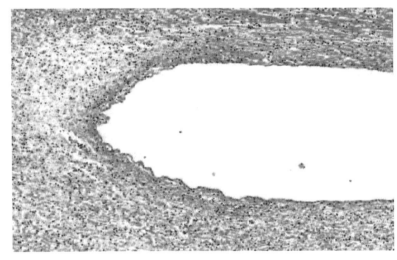

图 11-2　嗅脑 2
（HE 染色　100 倍）

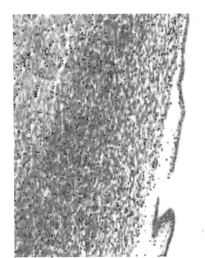

图 11-3　嗅脑 3
（HE 染色　100 倍）

图 11-4　嗅脑 4
（HE 染色　400 倍）

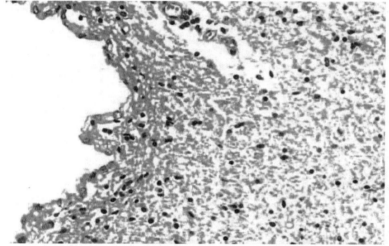

图 11-5　嗅脑 5
（HE 染色　400 倍）

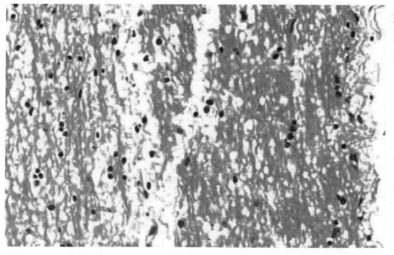

图 11-6　嗅脑 6
（HE 染色　400 倍）

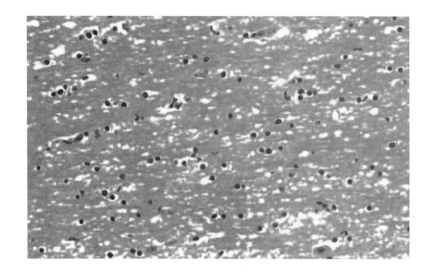

图 11-7　嗅脑 7
（HE 染色　400 倍）

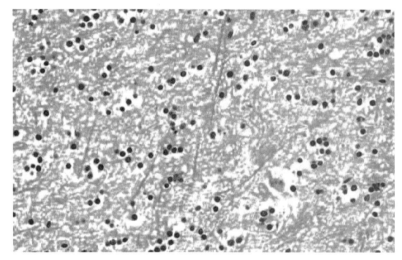

图 11-8　嗅脑 8
（HE 染色　400 倍）

图 11-9　大脑皮质 1
（HE 染色　100 倍）

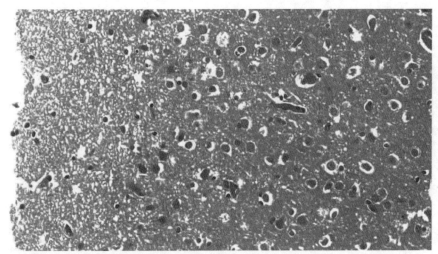

图 11-10　大脑皮质 2
（HE 染色　400 倍）

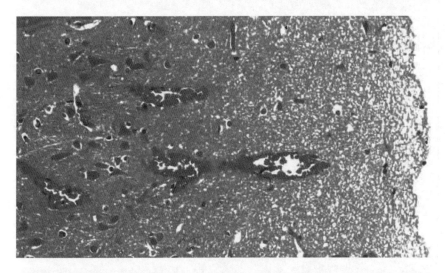

图 11-11　大脑皮质 3
（HE 染色　400 倍）

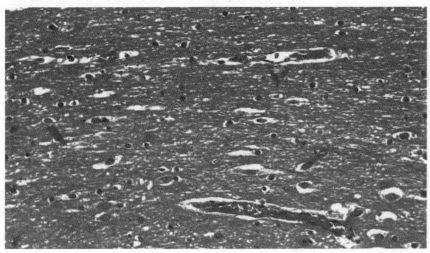

图 11-12　大脑皮质 4
（HE 染色　400 倍）

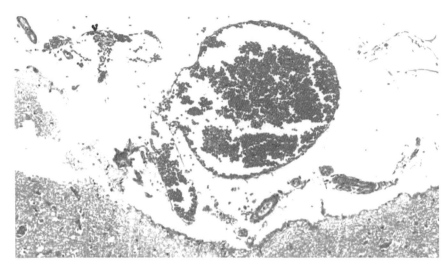

图 11-13　大脑皮质 5
（HE 染色　400 倍）

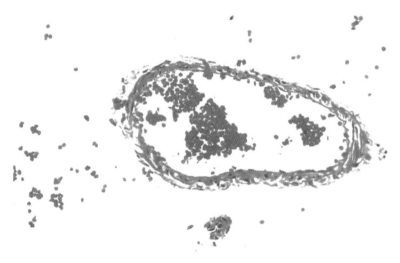

图 11-14　大脑皮质 6
（HE 染色　400 倍）

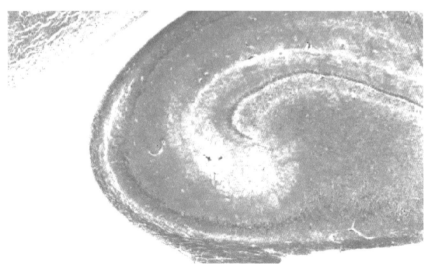

图 11-15　海马 1
（HE 染色　25 倍）

图 11-16　海马 2
（HE 染色　100 倍）

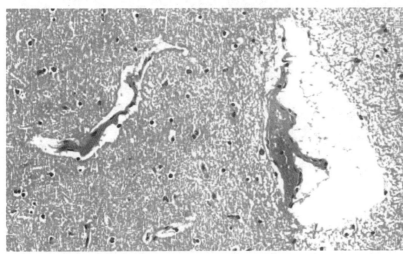

图 11-17　海马 3
（HE 染色　400 倍）

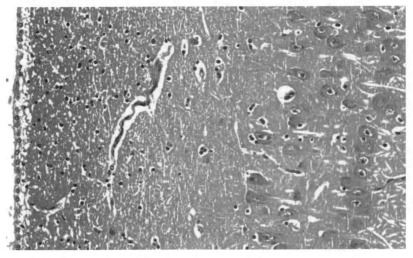

图 11-18　海马 4
（HE 染色　400 倍）

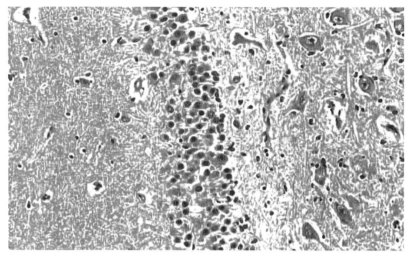

图 11-19　海马 5
（HE 染色　400 倍）

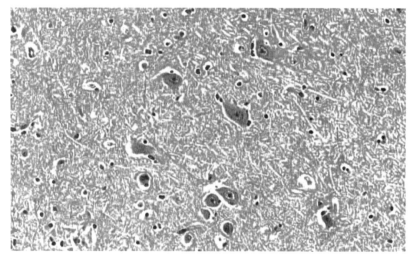

图 11-20　海马 6
（HE 染色　400 倍）

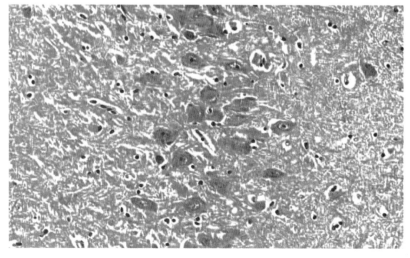

图 11-21　海马 7
（HE 染色　400 倍）

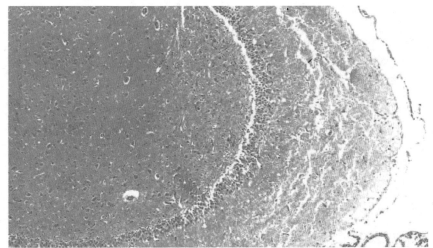

图 11-22　梨状叶 1
（HE 染色　100 倍）

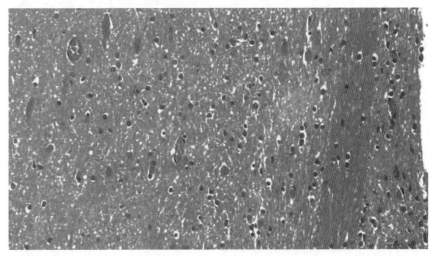

图 11-23　梨状叶 2
（HE 染色　400 倍）

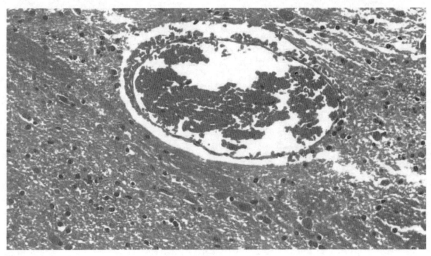

图 11-24　梨状叶 3
（HE 染色　400 倍）

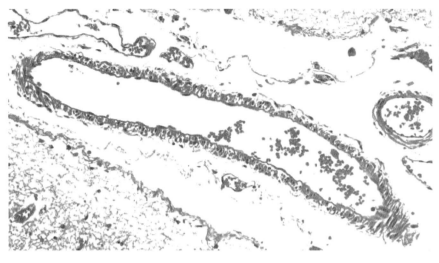

图 11-25　梨状叶小动脉 1（HE 染色 350 倍）

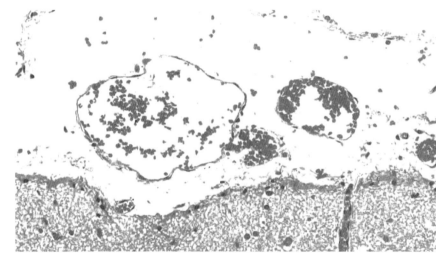

图 11-26　梨状叶小动脉 2（HE 染色 400 倍）

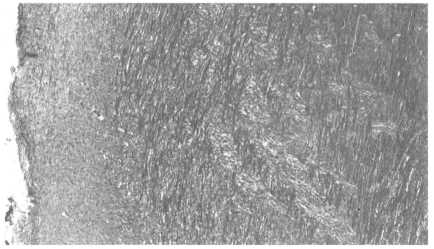

图 11-27　间脑 1（HE 染色　50 倍）

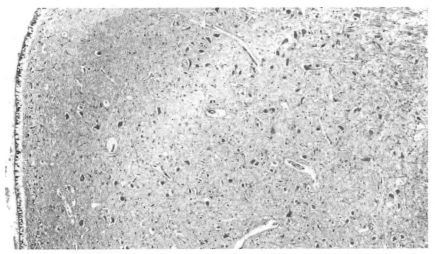

图 11-28　间脑 2
（HE 染色　100 倍）

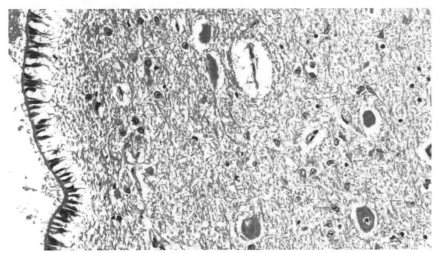

图 11-29　间脑 3
（HE 染色　400 倍）

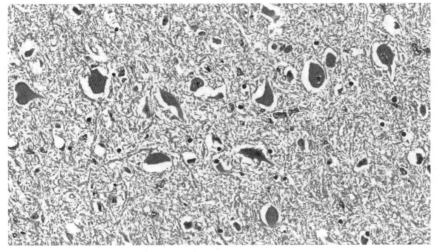

图 11-30　间脑 4
（HE 染色　400 倍）

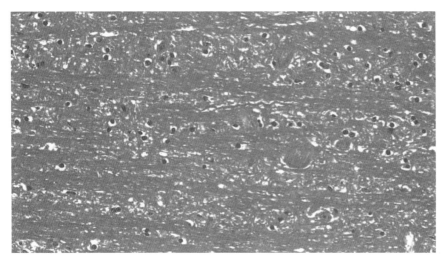

图 11-31　间脑 5
（HE 染色　400 倍）

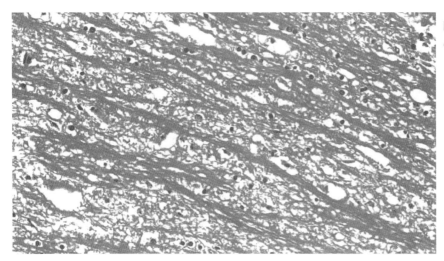

图 11-32　间脑 6
（HE 染色　400 倍）

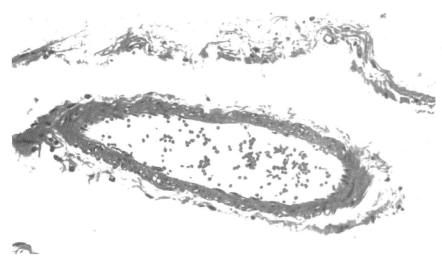

图 11-33　间脑小动
脉（HE 染色　400 倍）

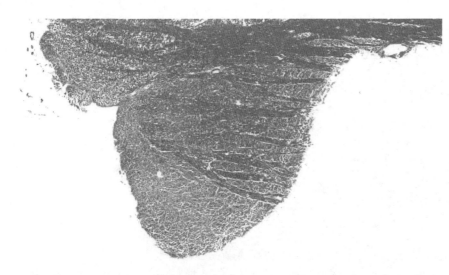

图 11-34　脑桥 1
（HE 染色　50 倍）

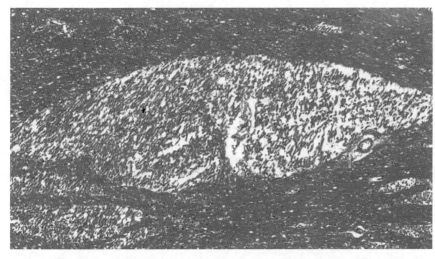

图 11-35　脑桥 2
（HE 染色　100 倍）

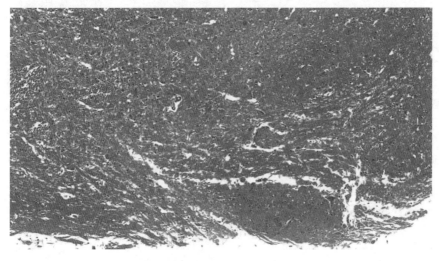

图 11-36　脑桥 3
（HE 染色　100 倍）

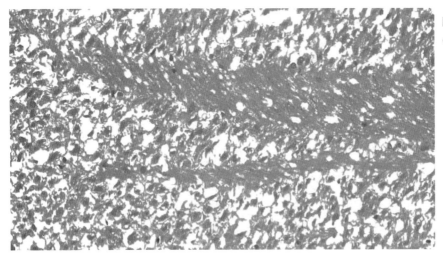

图 11-37 脑桥 4
（HE 染色 400 倍）

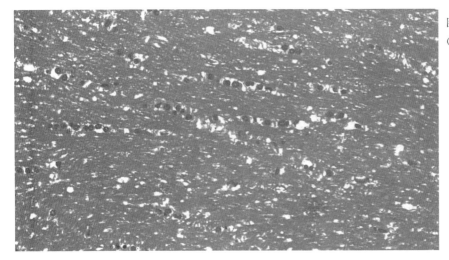

图 11-38 脑桥 5
（HE 染色 400 倍）

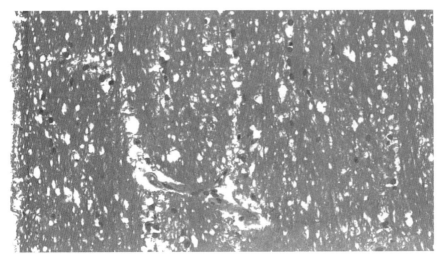

图 11-39 脑桥 6
（HE 染色 400 倍）

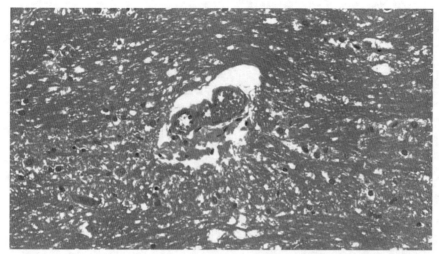

图 11-40　脑桥 7
（HE 染色　400 倍）

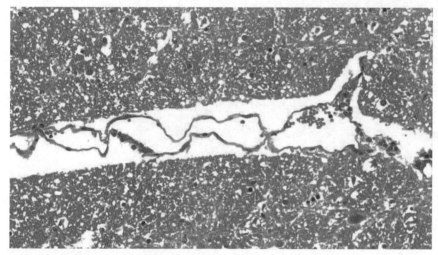

图 11-41　脑桥 8
（HE 染色　400 倍）

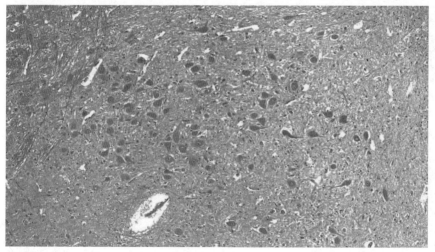

图 11-42　延髓 1
（HE 染色　100 倍）

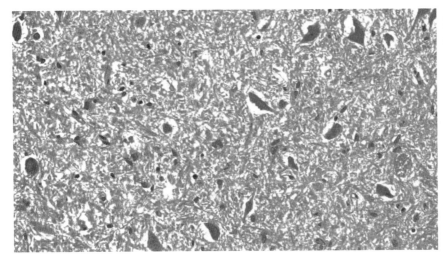

图 11-43 延髓 2
（HE 染色 400 倍）

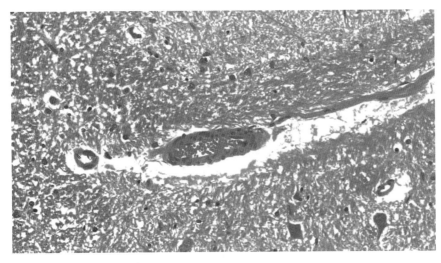

图 11-44 延髓 3
（HE 染色 400 倍）

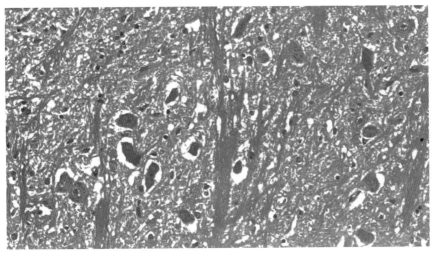

图 11-45 延髓 4
（HE 染色 400 倍）

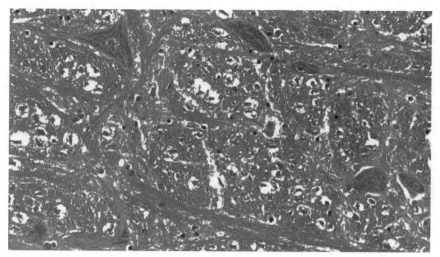

图 11-46　延髓 5
（HE 染色　400 倍）

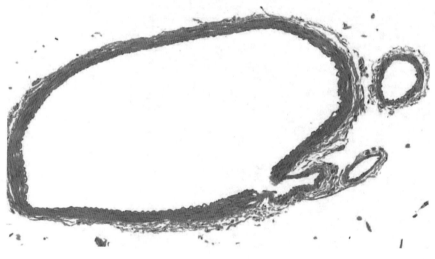

图 11-47　延髓小动脉
1（HE 染色　200 倍）

图 11-48　延髓小动脉
2（HE 染色　400 倍）

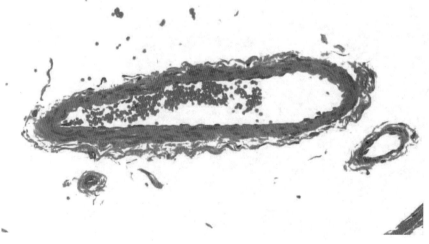

二、脊髓

脊髓为低级中枢神经,位于椎管内,呈扁圆柱状,有两个膨大部,分别是颈胸部的颈膨大和腰骶部的腰膨大。脊髓与脑不同,浅层为白质(髓质),新鲜时呈白色;深层为灰质(品质),新鲜时呈灰色,呈灰色 H 形。

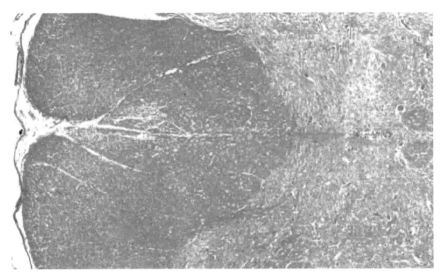

图 11-49　脊髓 1
（HE 染色　60 倍）

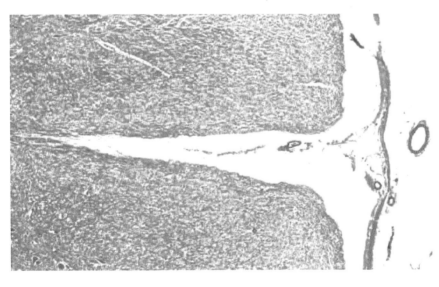

图 11-50　脊髓 2
（HE 染色　60 倍）

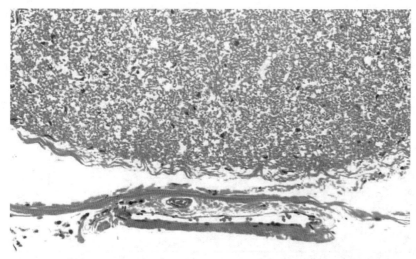

图 11-51　脊髓 3
（HE 染色　400 倍）

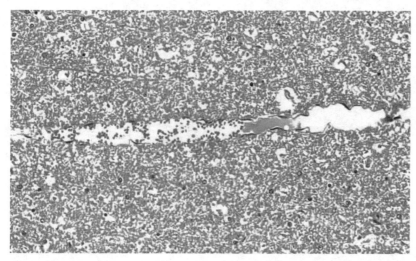

图 11-52　脊髓 4
（HE 染色　400 倍）

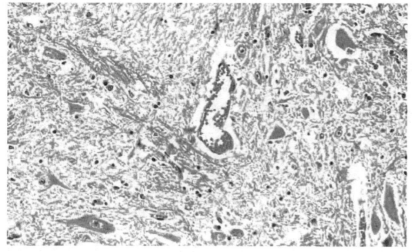

图 11-53　脊髓 5
（HE 染色　400 倍）

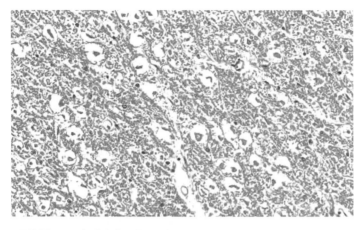

图 11-54 脊髓 6
（HE 染色 400 倍）

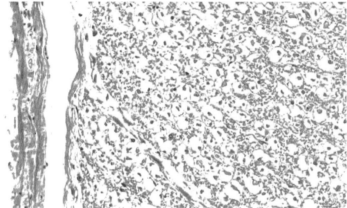

图 11-55 脊髓 7
（HE 染色 400 倍）

三、神经

神经由脑和脊髓发出，由神经细胞构成。神经细胞又称神经元，由胞体和突起构成，突起分树突和轴突两种，接受并传递刺激。细胞核较大，位于胞体中央；细胞质的线粒体、高尔基复合体、尼氏体、滑面内质网、神经原纤维、溶酶体及脂褐素等细胞器发达。

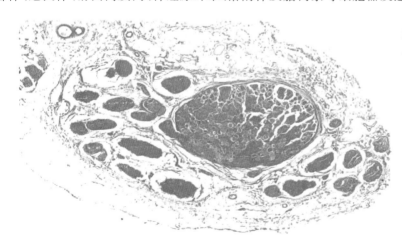

图 11-56 迷走神经 1
（HE 染色 40 倍）

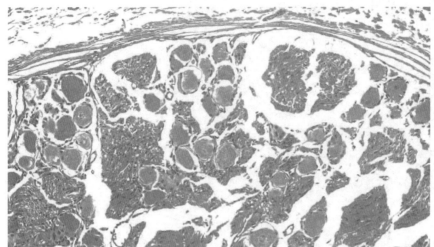

图 11-57　迷走神经 2
（HE 染色　200 倍）

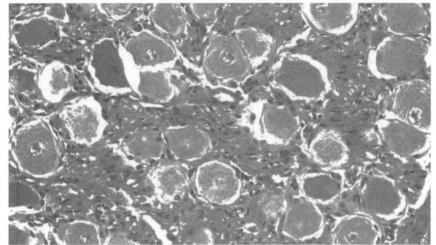

图 11-58　迷走神经 3
（HE 染色　400 倍）

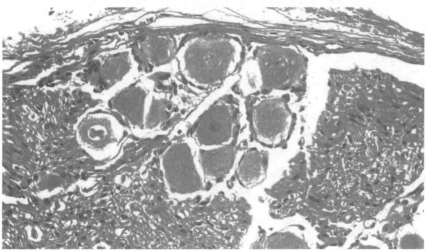

图 11-59　迷走神经 4
（HE 染色　400 倍）

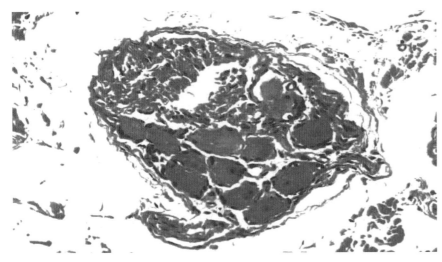

图 11-60　迷走神经 5
（HE 染色　400 倍）

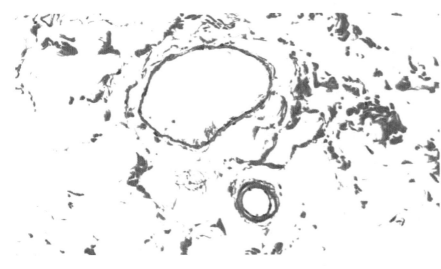

图 11-61　迷走神经 6
（HE 染色　400 倍）

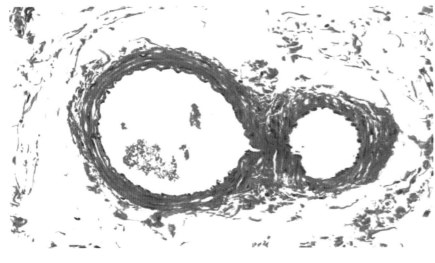

图 11-62　迷走神经 7
（HE 染色　400 倍）

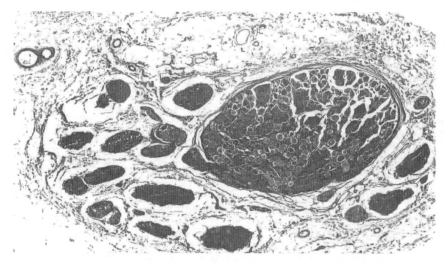

图 11-63　臂神经 1
（HE 染色　50 倍）

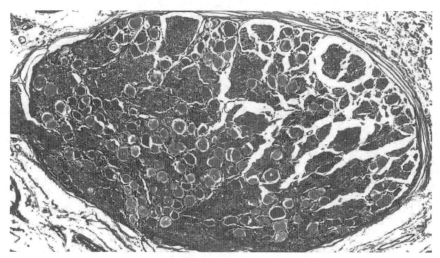

图 11-64　臂神经 2
（HE 染色　100 倍）

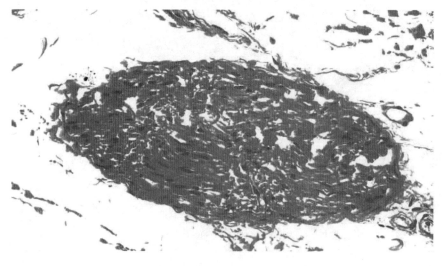

图 11-65　臂神经 3
（HE 染色　400 倍）

图 11-66　臂神经 4
（HE 染色　400 倍）

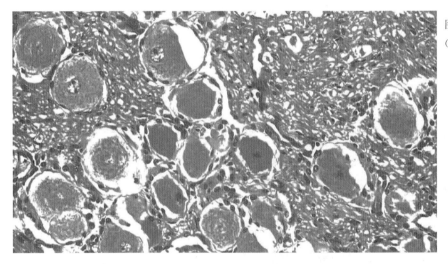

图 11-67　臂神经 5
（HE 染色　400 倍）

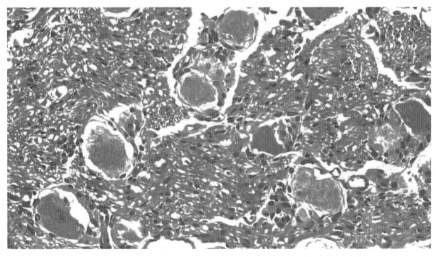

图 11-68　臂神经 6
（HE 染色　400 倍）

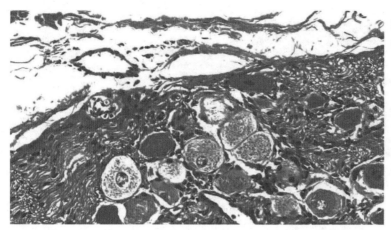

图 11-69 臂神经 7
（HE 染色　400 倍）

四、眼

眼是感受光信息的视觉器官。眼呈球形,眼球壁由内至外分为纤维膜、色素膜、视网膜三层。纤维膜分为角膜、巩膜和角巩膜缘。色素膜包括虹膜、睫状体和脉络膜。虹膜中间的黑色结构为瞳孔。视网膜由外向内主要由视杆细胞、视锥细胞、双极细胞和节细胞四层细胞构成。眼内容物主要有玻璃体、晶状体和房水。

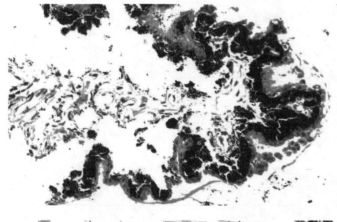

图 11-70 视网膜 1
（HE 染色　300 倍）

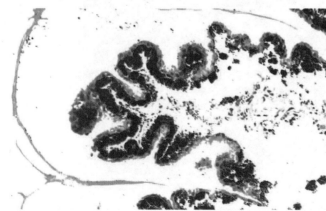

图 11-71 视网膜 2
（HE 染色　300 倍）

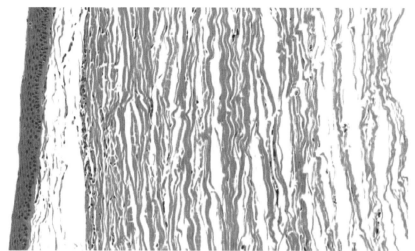

图 11-72　纤维膜 1
（HE 染色　300 倍）

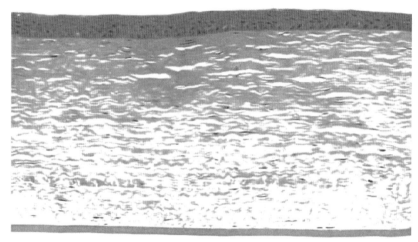

图 11-73　纤维膜 2
（HE 染色　350 倍）

图 11-74　脉络膜 1
（HE 染色　400 倍）

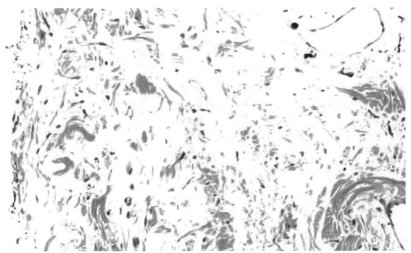

图 11-75　脉络膜 2
（HE 染色　400 倍）

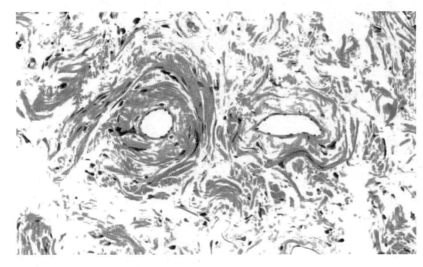

图 11-76　脉络膜 3
（HE 染色　400 倍）

第十二章 内分泌系统

羊的内分泌系统包括具有独立结构的内分泌腺体、散在的内分泌细胞群和兼有内分泌功能的细胞。

独立的内分泌腺体包括松果体、垂体、甲状腺和肾上腺。散在的内分泌细胞群包括肾小球旁器、睾丸间质细胞及胃肠腺的内分泌细胞等。兼有内分泌功能的细胞包括心肌细胞、肥大细胞及巨噬细胞等。

一、松果体

羊的松果体位于大脑横裂深处四叠体前方,为呈红褐色的豆状腺体,又称松果腺。

(一)组织结构

组织结构包括被膜、间质和实质。

1. 被膜

被膜为浆膜,伸入实质内,形成间质。

2. 实质

实质主要由松果体细胞、神经胶质细胞及神经纤维等构成。松果体细胞呈圆形或不规则形,核大而圆。神经胶质细胞少而小,细胞核小,染色深。

(二)功能

合成与分泌褪黑激素、促甲状腺激素释放激素、促性腺激素释放激素、5-羟色胺、催产素及黄体生成素释放激素等多种肽类激素;调节睡眠、生理、情绪及繁殖等生命活动。

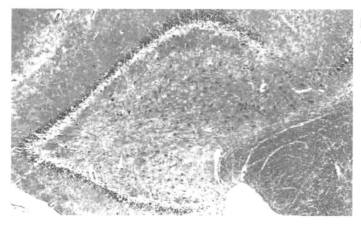

图 12-1　松果体 1
（HE 染色　70 倍）

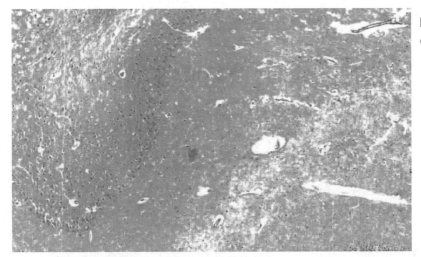

图 12-2　松果体 2
（HE 染色　100 倍）

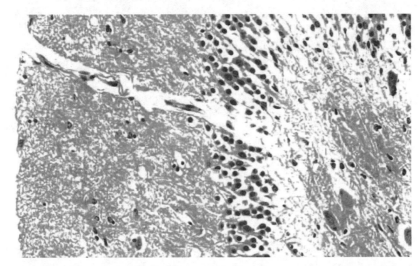

图 12-3　松果体 3
（HE 染色　400 倍）

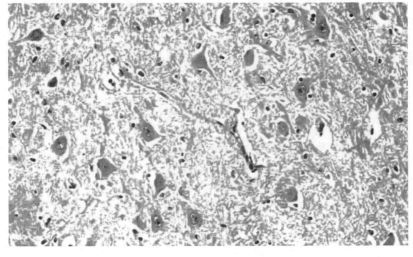

图 12-4　松果体 4
（HE 染色　400 倍）

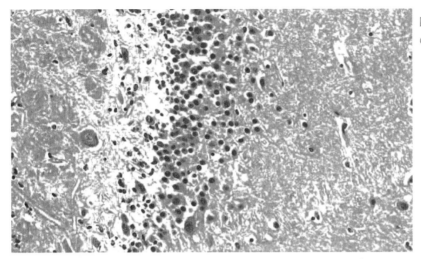

图 12-5 松果体 5
（HE 染色 400 倍）

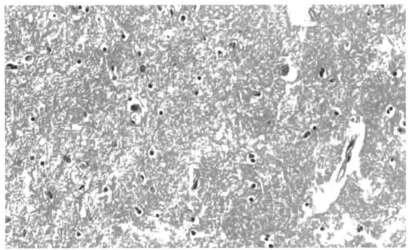

图 12-6 松果体 6
（HE 染色 400 倍）

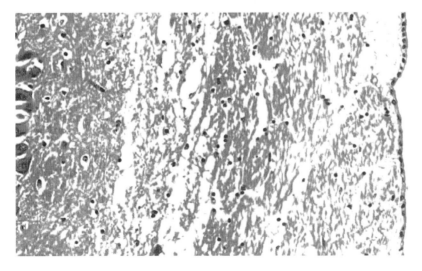

图 12-7 松果体 7
（HE 染色 400 倍）

二、垂体

垂体位于丘脑下部的蝶骨的垂体窝内,呈卵圆形。

(一)组织结构

1.被膜

被膜为浆膜,与脑软膜相连续。

2.实质

垂体包括神经垂体和腺垂体。神经垂体包括神经部和漏斗部。腺垂体包括远侧部、结节部和中间部。

远侧部由嫌色细胞和嗜色细胞构成,细胞排列成团块状。嫌色细胞小而密集、染色浅。嗜色细胞包括嗜碱性细胞和嗜酸性细胞。嗜碱性细胞包括促甲状腺素细胞(大,呈多角形)、促卵泡素细胞和促黄体素细胞(大而圆)。嗜酸性细胞包括生长激素细胞和催乳素细胞(大而圆)。结节部位于神经垂体周围,分布有嫌色细胞、少量嗜酸性与嗜碱性细胞。正中隆起围绕漏斗隐窝四周的隆起部。中间部分布有嫌色细胞和嗜碱性细胞。神经部无腺体细胞分布,分布有神经胶质细胞和神经纤维。

(二)功能

垂体分泌生长激素、催乳素、促甲状腺激素、促性腺激素(黄体生成素和促卵泡激素)、促肾上腺皮质激素和黑色细胞刺激素,调节生长、发育、生殖及代谢等生命活动。

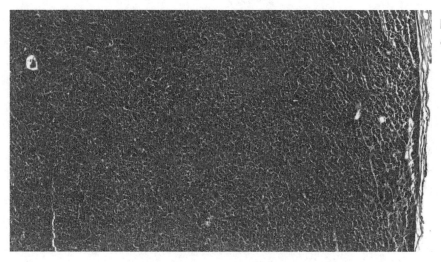

图 12-8　垂体 1
(HE 染色　50 倍)

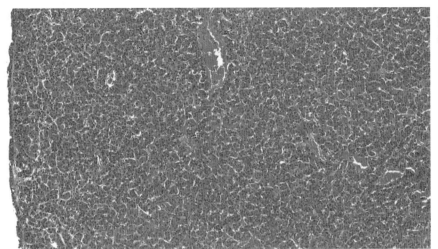

图 12-9　垂体 2
（HE 染色　100 倍）

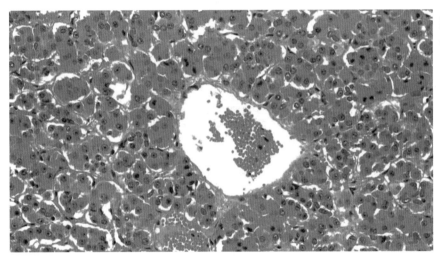

图 12-10　垂体 3
（HE 染色　400 倍）

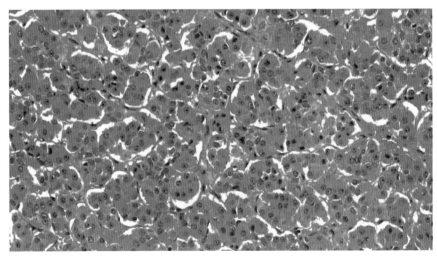

图 12-11　垂体 4
（HE 染色　400 倍）

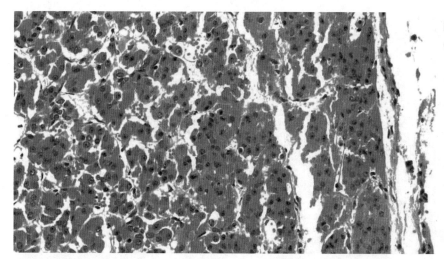

图 12-12　垂体 5
（HE 染色　200 倍）

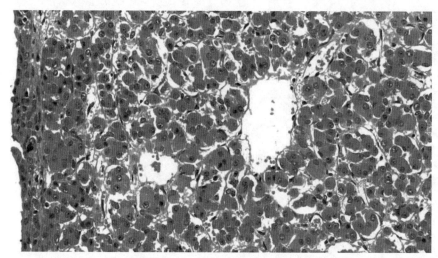

图 12-13　垂体 6
（HE 染色　400 倍）

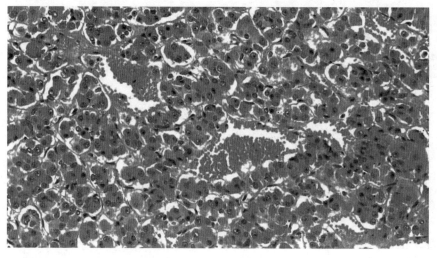

图 12-14　垂体 7
（HE 染色　400 倍）

三、甲状腺

羊的一对呈不规则三角形、紫红色的甲状腺,通过峡部相连。

(一)组织结构

甲状腺组织结构主要有被膜、实质和间质。

1.被膜

被膜为结缔组织浆膜,伸入实质将腺体分成大小不等、界限不清的腺小叶。

2.实质

实质的主要结构是滤泡,由单层立方上皮细胞围成,呈球形或椭圆形;细胞核大而圆,位于细胞中央,胞质呈嗜酸性。滤泡旁细胞聚集在滤泡之间和滤泡上皮,体积较大,染色稍浅。

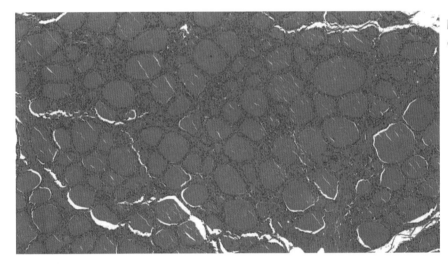

图 12-15　甲状腺 1
(HE 染色　100 倍)

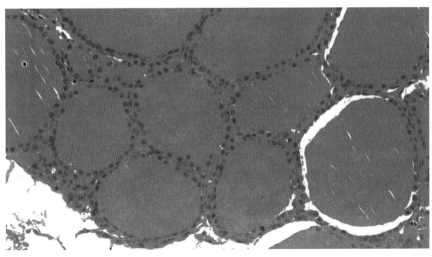

图 12-16　甲状腺 2
(HE 染色　400 倍)

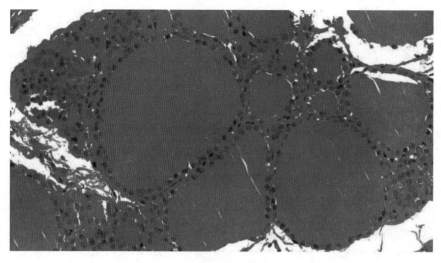

图 12-17　甲状腺 3
（HE 染色　400 倍）

3. 间质

主要由含有毛细血管、淋巴管的结缔组织构成。

（二）功能

分泌甲状腺素，调控新陈代谢、生长与神经发育。

四、肾上腺

羊有一对呈不规则卵圆形、红褐色的肾上腺，位于肾前端。

（一）组织结构

被膜覆盖在表面，间质和实质位于被膜内。

1. 被膜

被膜为浆膜。

2. 实质

实质包括皮质和髓质。

（1）皮质

皮质位于浅层，由外至内分为球状带（多形带）、束状带和网状带。

球状带较薄，紧贴被膜，细胞排列成球形、团块状、条索状或不规则形，细胞胞核小而圆，胞质少而染色深。

束状带最厚，位于球状带内侧，细胞大而圆，呈多边形，有的有双核，呈束状排列。

网状带最薄,位于束状带,靠近髓质。细胞呈多边形,呈条索排列并吻合成网状。

(2)髓 质

髓质位于肾上腺的中央部位,主要由嗜铬细胞构成,包括肾上腺素细胞和去甲肾上腺素细胞。

(二)功能

分泌盐皮质激素、糖皮质激素、雄激素、雌激素,调节糖代谢、蛋白质代谢、脂肪代谢及炎症;分泌肾上腺素细胞和去甲肾上腺素,调节血压、心率和心输出量。

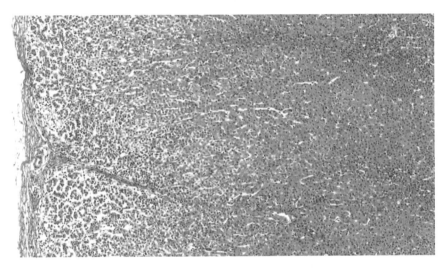

图 12-18 肾上腺 1
(HE 染色 50 倍)

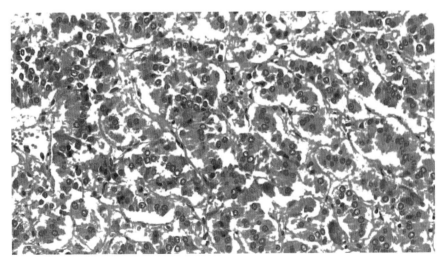

图 12-19 肾上腺 2
(HE 染色 100 倍)

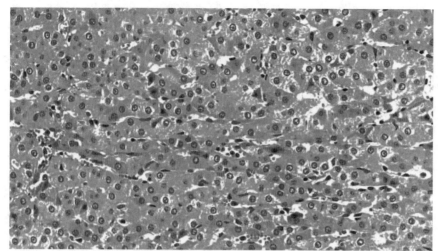

图 12-20　肾上腺 3
（HE 染色　200 倍）

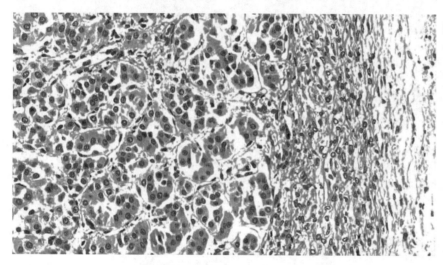

图 12-21　肾上腺 4
（HE 染色　200 倍）

参 考 文 献

[1]朱奇.高效健康养羊关键技术[M].北京:化学工业出版社,2014.

[2]马玉忠.羊病诊治原色图谱[M].北京:化学工业出版社,2013.

[3][美]William J. Bacha,Jr.,Linda M. Bacha 编著.兽医组织学彩色图谱[M].3 版.陈耀星主译.北京:中国农业大学出版社,2007.

[4]陈耀星.畜禽解剖学[M].3 版.北京:中国农业大学出版社,2010.

[5]陈耀星.动物解剖学彩色图谱[M].北京:中国农业出版社,2013.

[6]马仲华.家畜解剖学及组织胚胎学[M].3 版.北京:中国农业出版社,2010.

[7]杨倩.动物组织学与胚胎学[M].北京:中国农业大学出版社,2008.

[8]西北农学院,甘肃农业大学,山西农学院编绘.家畜解剖学图谱[M].西安:陕西人民出版社,1978.

[9]高英茂.组织学与胚胎学[M].北京:科学出版社,2005.

[10]成令忠.组织学与胚胎学[M].4 版.北京:人民卫生出版社,2000.